纳米层状二硫化钼制备与应用

王快社 杨 帆 胡 平 著

科学出版社

北京

内 容 简 介

本书介绍了作者团队近年来在纳米层状二硫化钼"氧化插层-爆炸/还原"和锂离子插层剥离新技术及其合成机理方面的研究工作。团队系统研究了纳米层状二硫化钼的可控制备，解决了其剥离效率低的难题，建立了二硫化钼氧化插层分子结构演变模型，揭示了插层二硫化钼爆炸及还原剥离机理，并提出了高密度催化位点、高电荷转移效率协同提高催化析氢性能新方法。本书共6章，内容包括：纳米层状二硫化钼材料研究进展和发展趋势、插层-爆炸法剥离制备纳米层状二硫化钼、插层-还原法剥离制备纳米层状二硫化钼、纳米层状二硫化钼复合材料电催化析氢性能、纳米层状二硫化钼复合材料磁性能、锂离子插层法剥离制备纳米多孔二硫化钼基复合材料。

本书可供从事纳米层状功能材料领域的科研人员、高等学校教师，以及相关企业工程技术人员阅读，也可作为纳米材料、功能材料及相关专业本科生和研究生的教学参考书。

图书在版编目（CIP）数据

纳米层状二硫化钼制备与应用 / 王快社，杨帆，胡平著. -- 北京：科学出版社，2025.3. -- ISBN 978-7-03-081136-3

Ⅰ. TB383

中国国家版本馆 CIP 数据核字第 20255WC694 号

责任编辑：赵敬伟　赵　颖 / 责任校对：高辰雷
责任印制：张　伟 / 封面设计：无极书装

斜 学 出 版 社 出版
北京东黄城根北街 16 号
邮政编码：100717
http://www.sciencep.com
北京建宏印刷有限公司印刷
科学出版社发行　各地新华书店经销

*

2025 年 3 月第 一 版　开本：720×1000　1/16
2025 年 3 月第一次印刷　印张：8 3/4
字数：170 000
定价：88.00 元
（如有印装质量问题，我社负责调换）

前　言

纳米层状二硫化钼作为一种新型功能材料,在材料加工润滑、电池电极材料、催化析氢等领域有着广泛应用,开发其高质化、高值化产品是提升我国二硫化钼资源优势向科技和经济优势转化的必然趋势。然而,由于纳米尺度效应,二硫化钼存在分散性差、易聚集堆叠、生产效率低等问题,且服役时易发生结构坍塌,严重制约了其功能性应用。目前国内制备纳米层状二硫化钼的方法众多,但存在技术工艺烦琐、制备效率低、可重复性差及不易批量化生产等问题。通过改进已有的方法或者开发新的方法制备出满足光电器件和储能材料领域产品要求的纳米层状二硫化钼材料是当务之急。因此,研究开发并推广二维层状结构的纳米层状二硫化钼及其纳米复合材料制备可控关键技术已迫在眉睫。

二硫化钼由于具有同铂相近的氢原子结合能和较高的催化活性,是一种极具潜力的贵金属催化剂替代材料。然而,二硫化钼催化反应发生的活性位点仅位于片层结构的边缘,通过制备层状二硫化钼超薄片虽然可以暴露更多表面,促进离子与气体的传输,但这主要增加的是其惰性的(002)晶面的暴露。研究表明,对薄层二硫化钼表面进行缺陷或界面构筑,能够极大丰富(002)晶面催化活性位点的分布,提升其催化效率。通过特殊缺陷构造方法和异质结构的引入对层状二硫化钼进行表面改造,能够实现表面和边缘活性位点的高效催化,进而提高二硫化钼材料的电催化析氢活性。因此,开发可控的制备方法并构筑多元复合结构体系,稳固纳米层状二硫化钼的独特结构,保持其优异的催化特性,是目前行业亟需解决的关键共性问题。

本书系统介绍了作者团队近年来在纳米层状二硫化钼"氧化插层-爆炸/还原"和锂离子插层剥离新技术及其合成机理方面的研究工作。以开发催化技术的核心——高效低廉纳米催化剂为目标,采用多种技术设计开发了二硫化钼基复合催化剂材料,研究了其电解水析氢性能,并与催化剂微观形貌、半导体带隙以及电子结构等本征结构的内在联系进行评价分析，解决了二硫化钼基纳米复合材料制备工艺复杂、均匀性差的难题，实现了电催化析氢应用。本书共 6 章。第 1 章为绪论，主要论述了纳米层状二硫化钼的特点及制备方法，并综述了其功能性应用研究进展和发展趋势。第 2 章为插层-爆炸法剥离制备纳米层状二硫化钼，提出了纳米层状二硫化钼插层-爆炸剥离制备方法，介绍了其最优工艺方案，揭示了二硫化钼氧化插层及爆炸剥离制备机理。第 3 章为插层-还原法剥离制备纳米层状二硫化钼，介绍了新型的插层-还原剥离方法，阐明了工艺参数对插层-还原法剥离二硫化钼的影响规律，揭示了插层-还原法剥离制备纳米层状二硫化钼的合成机理。第 4 章为纳米层状二硫化钼复合材料电催化析氢性能，介绍了纳米层状二硫化钼/碳纳米管复合材料开发策略及其电催化析氢性能，利用第一性原理模拟计算阐明了复合材料电子结构变化规律，揭示了二硫化钼与复合材料界面电荷转移及协同催化作用机制。第 5 章为纳米层状二硫化钼复合材料磁性能，通过磁性能测试对比分析了不同结构二硫化钼材料的磁性能，运用第一性原理模拟计算阐明了纳米层状二硫化钼材料铁磁性来源与磁响应形成机理。第 6 章为锂离子插层法剥离制备纳米多孔二硫化钼基复合材料，介绍了锂离子插层法大批量剥离制备纳米层状二硫化钼材料工艺方法，提出了采用铂掺杂与碳纳米管复合协同优化二硫化钼电催化析氢活性的可行策略，阐明了铂添加含量对复合材料电催化析氢性能的影响规律。

本书的相关工作主要依托于西安建筑科技大学功能材料加工国家地方联合工程研究中心完成。感谢国家自然科学基金、陕西省重点科技创新团队项目、陕西省青年科技新星项目、西安建筑科技大学优秀博士学位论文培育基金项目等科研项目对本书研究工作的资助，感谢作者团队研究生陈震宇为本书研究工作做出的贡献。本书对从事纳米层状功能材料领域的生产技术人员、研究人员和设计人员有一定的参考借鉴意义。

由于作者知识水平有限，书中难免有不足之处，敬请读者批评指正。

王快社 杨 帆 胡 平

2025 年 2 月

目　　录

第1章 绪 论

1.1 纳米层状 MoS₂ 材料概述

自 2004 年英国曼彻斯特大学的两位科学家成功剥离出石墨烯以来[1]，石墨烯因其独特的电学、光学、力学和电化学特性而受到研究人员的广泛关注，现已在锂离子电池、太阳能电池、传感器等方面获得应用，表现出极佳的性能[2, 3]。然而，石墨烯零带隙的缺点严重限制了其在电子及光电子器件方面的应用[3]，即使经过化学改性获得小的能带间隙，但都必须以牺牲其他性能为代价[4]，这就使得一类新型的二维层状化合物——类石墨烯二硫化钼（graphene-like MoS₂，GL-MoS₂），又称纳米层状二硫化钼（MoS₂），引起了众多领域研究人员的深入研究[5-8]。

纳米层状 MoS₂ 是由单层或少层 MoS₂ 组成的二维层状结构六方晶系晶体材料[3, 9, 10]。如图 1.1(a)所示，单层 MoS₂ 由 S-Mo-S 三层原子构成，中间一层为钼原子层，上下两层均为硫原子层，钼原子层被两层硫原子层所夹形成类"三明治"结构，层间距约为 0.65nm，层内 S 原子与 Mo 原子以共价键结合，Mo-S 棱面较多，比表面积大，层边缘有悬空键，并以微弱的范德瓦耳斯力结合[3, 10-14]，因此，MoS₂ 层容易受外界环境的影响而形成稳定的薄层结构，使其在光电子器件及能源催化领域的应用具有优异的结构基础[15]。作为典型的二维过渡金属硫化物，MoS₂ 有着 2H、3R、1T 的晶体结构，其中 2H 是最稳定的结构，3R 和 1T 为亚稳定结构，三种晶体结构示意图如图 1.1(c)所示。

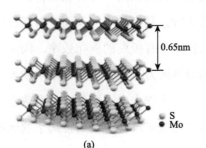

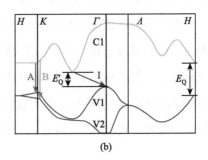

(a)   (b)

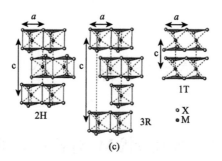

图 1.1 纳米层状 MoS₂ 的结构示意图（a）、能带图（b）及晶体结构（c）[10, 16]

与零能带隙的石墨烯不同，纳米层状 MoS₂ 不仅具有较宽的带隙，而且可根据层数进行调控，是天然的半导体[16]，其能带结构如图 1.1(b)所示。MoS₂ 体材料的能带结构为间接带隙，其电子跃迁方式为非竖直跃迁，带宽为 1.2eV；对于 MoS₂ 薄层材料，随着 MoS₂ 层数的减少，其带宽逐渐增大，当层数降为单层时，其电子跃迁方式变为竖直跃迁，即能带结构为直接带隙，带宽增大到 1.9eV[10, 16-22]。MoS₂ 的能带结构决定了其既适合用于制作微电子与光电子器件，也可以用于制作光电催化剂材料[15]。

纳米层状 MoS₂ 以其独特的"三明治"层状结构在润滑剂、催化、能量存储、光电器件等众多领域应用广泛[11, 17, 23-28]。相比于石墨烯的零能带隙，纳米层状 MoS₂ 存在可调控的带隙，在光电器件领域拥有更加光明的前景；相比于硅材料的三维体相结构，纳米层状 MoS₂ 具有纳米尺度的二维层状结构，可被用来制造半导体或规格更小、能效更高的电子芯片，将在下一代的纳米电子设备等领域得到广泛应用[28]；相比于现有的电极材料，纳米层状 MoS₂ 由于其特殊的层状结构能够在体积无膨胀的情况下允许大量微小的离子插入（如锂离子），进行大量的能量存储，从而具有超大的电池容量，将作为电极材料在锂离子电池领域得到广泛的应用；相比于贵金属催化剂材料，纳米层状 MoS₂ 具有较小的表面吉布斯自由能及同铂金相近的氢原子结合能，且边缘活性位点具有极高的催化效率，因此，其作为一种低成本的传统贵金属催化剂替代物极具潜力[29, 30]。但是，由于纳米层状 MoS₂ 的单层结构具有易堆栈、易褶皱的特性，其在作为电子器件时具有致命性缺陷，如作为锂离子电池阳极材料时，易在循环充放电过程中造成锂离子脱嵌的不可逆性，存在充放电容量和循环性能大大降低的问题；作为电催化析氢材料时，单层结构易破坏，大大降低催化活性和循环性能。因而引入同样具有较高理论容量或催化活性的异质复合材料，通过多维结构的建立与协同作用的形成，提高纳米层状 MoS_2 的储锂或催化析氢性能，加强其工作稳定性，从而扩展其应用范围，具有十分重要的实际意义。

目前国内制备纳米层状 MoS_2 方法众多，但存在技术工艺烦琐、制备效率低、可重复性差及不易批量化生产等问题。通过改进已有的方法或者开发新的方法制备出满足电子器件或更小规格、更高能效的电子芯片，特别是其在光电器件和储能材料领域产品要求的纳米层状 MoS_2 材料是当务之急。因此，研究开发并推广二维层状结构的纳米层状 MoS_2 及其复合材料制备可控关键技术已迫在眉睫。

1.2　纳米层状 MoS_2 材料制备方法

纳米层状 MoS_2 独特的层状结构使其在润滑剂、催化、能量存储、复合材料等众多领域引起了科研人员的广泛关注[31-36]，但是一般的化学、物理法难以制备出单层或少层结构的纳米层状 MoS_2 材料，高质量二维层状 MoS_2 材料的可控制备是影响和制约纳米层状 MoS_2 长远发展的关键问题[28]。类似于石墨烯材料，单层或少层 MoS_2 材料的制备方法也是从微机械剥离法开始，经过研究人员不懈地改进与摸索，目前已发展出多种制备方法。如图 1.2 所示，目前可以采用微机械剥离法、化学插层剥离法、液相超声法等为主的"自上而下"的剥离法，以及以高温热分解、化学气相沉积（CVD）、水热或溶剂热法等为主的"自下而上"的合成法[37-40]。

1.2.1　微机械剥离法

在"自上而下"的制备方法中，微机械剥离法是目前应用最为成熟的方法，通过特制的黏性胶带打破 MoS_2 分子间范德瓦耳斯力的作用以实现对其剥离，其

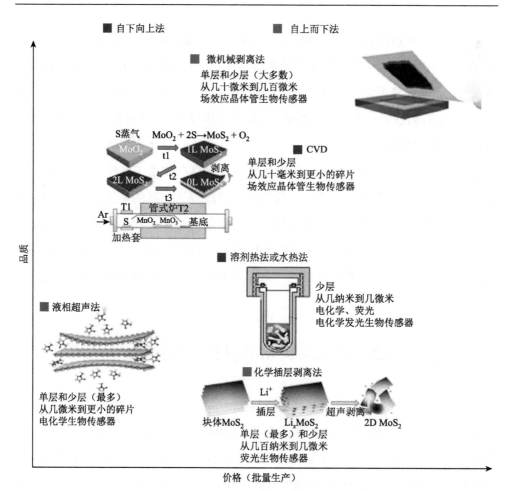

图 1.2　纳米层状 MoS_2 的常见制备方法[41]

操作较为简便且剥离程度高，能够得到单层 MoS_2 且剥离产物具有较高的载流子迁移率，由于该方法得到的 MoS_2 纳米片制备效率低，无法大规模生产，可重复性较差，因此该方法仅适用于实验室制备与开展基础研究[20, 28]。

1.2.2　锂离子插层法

锂离子插层法是目前剥离效率最高的方法，通过在 MoS_2 分散液中添加插层剂（如正丁基锂），发生剧烈反应可增大 MoS_2 层间距离并减小层间范德瓦耳斯力作用，随后进行超声处理，得到单层与少层的二维层状 MoS_2，该方法适用范围较为广泛，获得纳米片产量较高，主要用于二次电池的电极活性材料和发光二极管的添加剂，经过多年发展，目前已开发出多种条件下的锂离子插层方法，比如溶剂与无溶剂 Li 插层法、电化学 Li 插层法和水热辅助 Li 插层法等[33]。锂插层法应用广泛，但是该方法所需的温度较高、程序复杂、反应时间较长，导致能耗高，且无法控制锂的插入量，易引起片层的不完全剥离，导致片层的破坏[35, 38, 42]。

1.2.3 液相超声法

液相超声法则是将原始 MoS_2 粉末加在有机溶剂或者水中，运用超声波振荡作用实现 MoS_2 层之间的剥离，它以操作简单、制备条件要求较低的优点而应用于光电子器件，但是它对 MoS_2 材料的剥离程度和剥离效率均低于微机械剥离法与锂离子插层法，且剥离产物中单层 MoS_2 的含量较低，限制了其应用[40, 43-45]。

对于"自下而上"的合成法，由于 MoS_2 材料结构的高热和化学稳定性，其制备尚存在合成成本高、工艺控制复杂等问题，而且通过合成法获得纳米层状 MoS_2 的纯度和光、电等特性较剥离法仍有差距[28, 46, 47]。"自下而上"的合成法包括水热或溶剂热法、CVD 法等。

1.2.4 水热或溶剂热法

水热或溶剂热法是在密闭反应容器中，以水或特定溶剂为介质和溶剂，在加热作用下完成合成与制备的一种方法。这种方法的优势在于反应温度不高且过程易于控制，研究人员通过水热或溶剂热法易于制备出特殊形貌的二维 MoS_2 材料[35, 36]。

1.2.5 化学气相沉积法

在电子器件的应用中，采用 CVD 法制备 MoS_2 薄膜是应用较广的一种方法，其原理是在高温下将 Mo 和 S 的固态前驱体进行热分解，使得所挥发出的 Mo

和 S 原子沉积在一定基底上进行化学合成，从而生长成二维薄膜。CVD 法易于制备大表面积、厚度可控且具备优异电子性能的纳米层状 MoS_2，在制备光电器件产品方面具有一定优势[35, 36, 48]。

近年来，随着研究者们更为广泛地开展关于二维层状 MoS_2 的研究工作，出现了越来越多的制备工艺和方法，其研究进展如表 1.1 所示。

表 1.1　二维层状 MoS_2 制备方法的研究现状

制备方法	制备条件	特征	参考文献
锂离子插层	试剂：正丁基锂	剥离成单层膜	[49]
超声剥离	试剂：NMP	作为单个薄片沉积或形成薄膜	[43，45]
薄层扫描	扫描激光器（$\lambda = 532nm$，入射功率 10mW）	可控地减薄多层 MoS_2 到一个单层二维晶体	[50]
热处理（退火）	退火温度：650℃ 压力：10Torr①	单层或少层 MoS_2 均可控制实现	[51]
热分解法	试剂：氨基硫代钼酸盐	大面积 MoS_2 薄层，具有优越的电性能	[4]
PVD 法	试剂：Mo 和 H_2S 基质：Au	实现了少层 MoS_2	[52]
CVD 法	衬底：CVD 法生长石墨烯 温度：400℃	MoS_2 纳米片结晶度高，边缘丰富	[53]
溶剂热法	温度：150～180℃	单层大面积 MoS_2	[54]
电化学/化学法	衬底：高取向热解石墨	获得纳米线和纳米带	[55]
直流磁控溅射法	试剂：Cu_2ZnSnS_4 和 Mo	获得纳米层状 MoS_2	[56]

① 1Torr = 1mmHg = 1.33×10^2Pa。

1.3　纳米层状 MoS_2 的主要应用

1.3.1　润滑性能

纳米层状 MoS_2 具有类似"三明治"的三层层状结构，由 S-Mo-S 原子共价键结合形成，层与层之间由微弱的范德瓦耳斯力相连接，因此极易发生层间滑移，使得 MoS_2 有较低的摩擦系数而被广泛应用于固体润滑领域[35, 36]。Xu 等[60]采用溶剂热法制备出具有花状表面的空心核壳结构 MoS_2 纳米颗粒，通过摩擦磨损试验测试了其在油中的润滑性能，结果表明，该空心核壳 MoS_2 纳米颗粒能显著提高润滑油的减摩抗磨性能，摩擦系数降低了 43.80%，磨损降低为原来的 1/8。空心 MoS_2 纳米颗粒在油中的润滑机理可解释为，空心 MoS_2 纳米颗粒被剥落成层状碎片，形成超薄的纳米片，有利于摩擦表面润滑膜的形成。Wang 等[58]采用插层法制备出单层 MoS_2 悬浊液，将其应用于润滑添加剂，具有优异的润滑性能，并且阐明该添加剂的 MoS_2 添加量对减摩润滑性能的影响规律，拓展了 MoS_2 作为传统润滑添加剂的应用范围并提供了理论基础。Duan 等[59]采用磁控溅射法制备了 MoS_2/YSZ（ZrO_2/Y_2O_3）薄膜，并且通过真空加热退火工艺显著提高了材料的抗辐照与润滑性能，这种抗辐照和自适应润滑的成功结合，主要是由于材料纳米尺度的结构控制和退火后成分的变化。与沉积态 MoS_2/YSZ 纳米复合薄膜中较小的纳米晶粒相比，热退火后的 MoS_2 纳米晶体内缺陷较少，辐照后表现出显著的稳定性。离子辐照热退火薄膜中含有丰富的非晶相与纳米晶相，它们各自的特点极大地抑制了辐照过程中空洞的积累和裂纹的扩展，同时在摩擦诱导下易于自组装，实现自适应润滑。

1.3.2　光电性能

MoS_2 因其独特的层状结构而展现出特殊的能带结构变化特性，当其由体材料减薄至单层时，其能带从间接带隙转变为直接带隙，带宽由 1.29eV 增大为 1.9eV。MoS_2 的带隙变化和特殊的几何结构，使得其在克服零带隙石墨烯缺点的同时依然具有石墨烯的很多优点，在荧光、光吸收等方面有着独特的物理性质，从而在光电应用方面有着极大的潜力[17, 60-62]。此外，其具有较大的比表面积、良好的电子迁移能力和高电子态密度，也使得其具备优异的光电性能[35, 36]。

Yin 等[20]采用 CVD 法制备了单层 MoS_2 薄膜，并转移至具有 300nm 厚的 SiO_2 涂层的硅片上，用金和钛作电极组装成了单层 MoS_2 光电晶体管，经测试，其光响应度在低光功率和 50V 介质栅极电压的光照条件下为 7.5mA/W，比同纳米层状光电晶体管的性能更优异。Lopez-Sanchez 等[63]制备了单层 MoS_2 并组装成超灵敏光电晶体管，不仅显著提高了晶体管的电子迁移率和开态电流，且大大改善了其光响应度，达到了 880A/W。Radisavljevic 等[10]采用微机械剥离法制得单层 MoS_2，将其转移至具有 300nm 厚的 SiO_2 涂层的硅片上，并以金为电极组装成以二氧化铪为顶栅绝缘介质层的单层 MoS_2 双栅器件，经测试，其阈值电压为–4V，开关电流比达到 10^8，电子迁移率为 217cm^2·V^{-1}·s^{-1}，性能同样得到大幅度提升。Radisavljevic 等[19]又将此单层 MoS_2 晶体管组装成逻辑集成电路，实验表明，该集成电路可较好地执行基本的逻辑操作，这为未来单层 MoS_2 晶体管的实际应用打下了坚实的基础[35, 36]。

1.3.3　气体与光电传感器件

纳米层状 MoS_2 由于其独特的分子与电子结构，具有优异的气体及光敏感性，因而广泛应用于有害气体探测传感器件领域。Li 等[64]利用微机械剥离法制备出 1～4 层的纳米层状 MoS_2，并分别制作场效应晶体管器件来检测一氧化氮（NO）气体的浓度，其检测浓度范围为 0.3×10^{-6}～2×10^{-6}（体积分数），检测效果稳定性好、灵敏度高，并且发现两层的 MoS_2 效果最好[28]。He 等[21]采用锂离子插层法制备出纳米层状 MoS_2，并作为活性通道，利用还原氧化石墨烯（RGO）作为源、漏极，制成柔性薄膜晶体管阵列来检测毒性气体二氧化氮（NO_2）的浓度，该器件结构简单、柔性可旋涂，而且可重复性好、气体敏感度高，由于 MoS_2 薄膜厚度的增加会降低 MoS_2 通道的比表面积，从而降低晶体管的气体敏感度，因此随着 MoS_2 厚度的增加，气体的敏感性降低，并且发现 MoS_2 薄膜的最优厚度是 4nm。

类似于纳米层状 MoS_2 气体传感器，其由于特殊的光电性质而获得优异的光敏感性而应用于光传感器。Gourmelon 等[65]曾用 Ni 基底得到纳米层状二硫化钼薄膜，经沉积、退火后发现具有良好的光敏感性。Yin 等[20]用单层 MoS_2 制作光晶体管并用于光检测，发现器件中光电流的产生只取决于入射光的强度，且光电流的产生和湮灭在 50ms 内便可完成转换过程，且光检测的波长范围可通过使用不同厚度的纳米层状 MoS_2 来调控[28]。Qi 等[66]通过 CVD 法合成了高质量单层 MoS_2 薄膜，将其用于应变/应力传感器，实验测试表明，其应变系数达到 1160，远超过传统金属传感器和已知碳纳米管传感器的最高应变系数。

1.3.4 催化性能

包括 MoS_2 在内的具有纳米结构的二维金属硫化物已通过增强催化剂活性边缘的浓度在电催化析氢反应（HER）中得到应用，基于密度泛函理论的第一性原理计算也表明 MoS_2 纳米片的边缘增加了其电催化析氢活性[35, 36]。Jaramillo 等[67]通过实验证明 2H 相 MoS_2 纳米结构中起到主要催化活性的边缘结构是硫化物末端的钼边缘，也就是其丰富的催化活性位点，验证了理论计算 MoS_2 材料边缘催化活性中心的结论。Xie 等[68]采用水热法合成了 MoS_2 纳米薄片，该材料中的丰富缺陷大幅度增加了 MoS_2 薄片边缘的电催化析氢活性位点，其在 $10mA·cm^{-1}$ 电流密度下电化学析氢反应的析氢过电位降低为 $-120mV$，塔菲尔斜率为 $50mV·dec^{-1}$，展现出优异的催化性能[69]。

MoS_2 材料由于其特殊的光感应性能，在光催化领域同样有着广泛的研究。Yang 等[70]用水热法制备出 MoS_2 纳米微球，经测试，其对有机染料罗丹明 B 的催化降解率在 90min 后达到 90%，是常用光催化剂 TiO_2 的 4 倍，极大地增加了传统光催化剂的性能。Chao 等[71]同样通过水热法合成纳米层状 MoS_2 纳米片，其在 pH 值为 4~9 的范围内对多西环素（DC）表现出较高的吸附能力，达到 $310mg·g^{-1}$，为 MoS_2 对环境污染物的催化降解提供了研究基础。

1.4 纳米层状 MoS_2 材料发展趋势

目前，国际上已经出现了大量与以纳米层状 MoS_2 为基础制备的光电器件的相关研究，并取得了突破性的进展，并且二维层状二硫化钼有望突破摩尔定律限制取代硅材料成为未来晶体管制造的替代材料。然而关于二维层状二硫化钼在催化、光电器件以及药物载体等方面的研究仍然存在大量问题亟待解决。今后二维层状二硫化钼复合材料的研究方向应重点放在以下几个方面。

（1）改进现有制备方法并探索新的制备技术，以实现制备均匀、大面积、大晶粒尺寸和层数可控的二维层状二硫化钼及其复合材料。目前用于大规模制备二维层状二硫化钼的方法主要是 CVD 法及锂离子插层法，但化学气相沉积法成本过高，不利于大规模生产制备。而对于锂离子插层法而言，如何保证插层制备最大化可控地保持二硫化钼的半导体性能仍是需要深入研究的关键问题之一。

（2）如何有效调控其物理性质，如带隙宽度等，用以提高二维层状二硫化钼及其复合材料在催化、光解等应用范围及光电器件的制造水平仍需要大量深入的研究。目前的研究表明，二维层状二硫化钼的活性催化位点集中在片层结构边缘，而基面十分稳定，几乎不存在活性位点。因此，提升层状二硫化钼活性位点密度，使得其基面具有催化活性而不是仅限于边缘，也是需要深入研究的。

（3）剥离的二维层状二硫化钼被证实在实际应用中趋向于重新堆叠，这导致了其优异的结构特性遭到遏制，未来应针对如何维持二维层状二硫化钼及其复合材料中片层结构的稳定性方面开展更多、更细致的研究，比如，继续研究复合的异质结构，以稳定其片层结构。

第2章　插层-爆炸法剥离制备纳米层状 MoS₂

2.1　纳米层状 MoS₂ 插层-爆炸法制备与表征

2.1.1　材料制备方法

二硫化钼（MoS₂）作为类石墨烯结构的二维材料，由于其特殊的层状结构，层间以微弱的范德瓦耳斯力相结合，易于在层间插入离子或基团，改变电子和微观结构，并且增大层间距、减弱范德瓦耳斯力，使其易于剥离为单层或者少层的类石墨烯结构材料。因此，在使用外力手段使 MoS₂ 薄层剥离前在层间插入离子或基团从而增大层间距，使其更易于剥离，是 MoS₂ 材料剥离的可行策略。基于其层状结构特性，开发出氧化插层-高能爆炸法（插层-爆炸法）制备纳米层状 MoS₂ 材料，其制备过程分为两步，即氧化插层反应与高能爆炸剥离，制备流程如图 2.1 所示，实验分别采用如图 2.2 所示 500mL 锥形瓶和定制 100mL 密闭高压反应釜为氧化插层反应容器和爆炸剥离容器，具体工艺流程如下。

首先为氧化插层反应，将 5g MoS₂ 粉末与 2.5g 硝酸钠（NaNO₃）晶体加入装有 200mL 98%浓硫酸的锥形瓶中，将体系置于 0~4℃冰水浴中充分搅拌分散，低温反应 30min，随后分三次缓慢加入 15g KMnO₄，搅拌 2h 后进行中温反应，升温至 35℃，搅拌 30min 后升温至 92℃，其间缓慢加入温热去离子水，升温至 92℃后继续搅拌 5min，并持续缓慢加入去离子水；将反应液转移至 1L 烧杯中并缓慢加入去离子水进行稀释，采用 220nm 孔径混合纤维水系微孔滤膜进行抽滤，抽滤时使用 HCl（5v/v%①）反复清洗，直到在 BaCl₂ 溶液中没有硫酸盐沉淀产生，接

---

① v/v%单位用于表示溶液的体积百分比浓度。

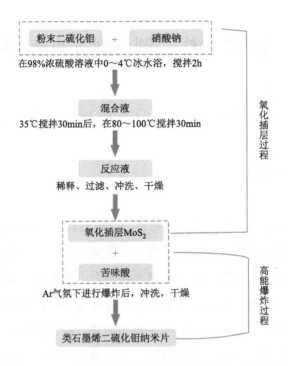

图 2.1　氧化插层-高能爆炸制备纳米层状 MoS$_2$ 流程图

图 2.2　纳米层状 MoS$_2$ 氧化插层反应与高能爆炸高压反应釜实物图

着用去离子水反复清洗直到溶液中没有氯离子且溶液呈中性；清洗过滤后用去离子水将粉末转移至离心管中，使用液氮将粉末悬液冷冻成冰块，置于冷冻干燥箱中进行冷冻干燥，干燥后使用玛瑙研钵将粉末研磨得到氧化插层 MoS_2 粉末。

随后为高能爆炸剥离，将氧化插层 MoS_2 与爆炸剂苦味酸（PA）粉末按一定质量比例混合均匀后装入反应釜中，密闭后将高压反应釜抽真空并通入氩气保护，将反应釜置于井式炉中加热至 500℃保温 30min 后即发生爆炸，将反应釜水冷至室温后缓慢放出气体，打开反应釜取出黑色粉末，置于去离子水中超声分散 1h，采用 220nm 孔径混合纤维水系微孔滤膜进行抽滤，抽滤时使用去离子水进行多次清洗，清洗过滤后经冷冻干燥并且研磨后得到纳米层状 MoS_2 材料。为了进行对比，直接采用原始 MoS_2 进行爆炸，经过相同后处理工艺清洗干燥后得到原始爆炸 MoS_2 样品，并分别留取原始 MoS_2、插层 MoS_2 样品进行后续对比分析。

2.1.2 材料物相与晶体结构表征

图 2.3(a)所示为插层、原始爆炸及插层-爆炸 MoS_2 材料的 X 射线衍射（XRD）图谱与 MoS_2 标准峰（JCPDS 37-1492）对比图，从图中可以看出，这三个样品的（002）、（100）、（103）、（110）峰均能与标准峰对应，说明插层、原始爆炸以及插层-爆炸三种处理方法并没有改变 MoS_2 六方晶格的晶体结构。在 XRD 图谱中，（002）峰主要来自 MoS_2 单个层间夹层钼-钼原子层之间的散射，体现为 MoS_2 层沿 c 轴堆叠的数目和间隔，而（100）峰和（110）峰则是由 MoS_2 层内的相互作用导致。一般而言，MoS_2 的剥离会导致（002）晶面反射强度的显著降低，甚至导致这个峰值消失。从图 2.3(a)中可以看出，插层-爆炸 MoS_2 材料（002）峰几乎不存在，而其他主要晶面反射峰均能够与 2H 型 MoS_2 晶体结构（JCPDS 37-1492）很好地对应。另外，原始和插层 MoS_2 材料的 XRD 峰均对应 2H 型 MoS_2 晶体结构，且显示出较强的（002）晶面反射强度。因此，XRD 测试结果表明插层及插层-爆炸工艺没有改变 MoS_2 的六方晶体结构，且插层-爆炸过程能够得到少层 MoS_2。

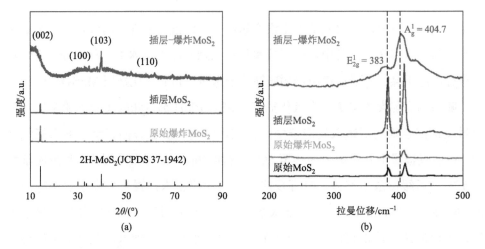

图 2.3　插层、原始爆炸及插层-爆炸 MoS$_2$ 材料的 XRD 图谱（a）和 Raman 图谱（b）

　　图 2.3(b)所示为插层、原始爆炸及插层-爆炸 MoS$_2$ 材料的拉曼（Raman）图谱，由图可知，MoS$_2$ 材料的两个振动峰均在 383cm^{-1} 和 405cm^{-1} 左右，对应着其 E_{2g}^1 和 A_g^1 振动模式，与文献[45]结果一致。根据 Raman 测试特征峰位置对应二硫化钼层数的判断方法，单层二硫化钼的 E_{2g}^1 和 A_g^1 特征峰间的位移差 $\Delta k = 16\sim 18$cm^{-1}，双层二硫化钼 $\Delta k = 21\sim22$cm^{-1}，三层二硫化钼 $\Delta k = 23$cm^{-1}，多层二硫化钼 $\Delta k > 24$cm^{-1}。如图 2.3(b)所示，所制备的插层-爆炸 MoS$_2$ 材料的 Raman 光谱 E_{2g}^1 和 A_g^1 振动峰位移差 Δk 为 21.7cm^{-1}，表明所制备的材料为双层 MoS$_2$ 材料，而原始和插层 MoS$_2$ 材料的振动峰的间距 Δk 均大于 25cm^{-1}，因此 Raman 结果同样可以表明采用插层-爆炸法能够制备少层 MoS$_2$。

　　为研究插层-爆炸制备纳米层状 MoS$_2$ 材料剥离前后的微观形貌和结构，采用扫描电子显微镜（SEM）与透射电子显微镜（TEM）对样品进行了表征。图 2.4 所示分别为原始 MoS$_2$、插层 MoS$_2$、原始爆炸 MoS$_2$ 以及插层-爆炸所得纳米层状 MoS$_2$ 材料的 SEM 形貌图，从图 2.4(a)~(c)中可以看出，原始 MoS$_2$、插层 MoS$_2$、原始爆炸 MoS$_2$ 材料样品厚度均较厚，且呈大片块体堆积状态，层片状结构特征不明显；而图 2.4(d)中插层-爆炸后的样品则出现了明显的层片状结构，且层片较薄，边缘出现褶皱，呈现出片状的类石墨烯 MoS$_2$ 结构。

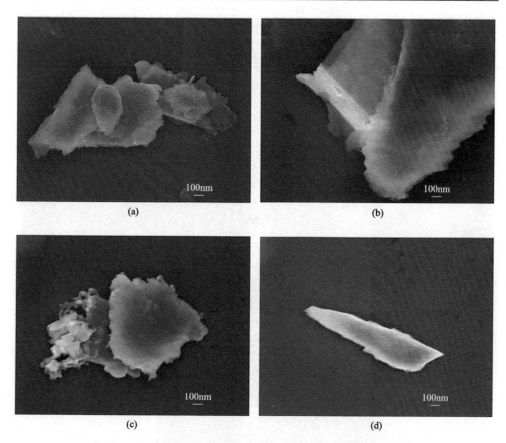

图 2.4　所制备 MoS₂ 材料的 SEM 形貌图

（a）原始 MoS₂；（b）插层 MoS₂；（c）原始爆炸 MoS₂；（d）插层–爆炸 MoS₂

图 2.5 所示为采用插层–爆炸法制备纳米层状 MoS₂ 材料的 TEM 图，从图 2.5(a) 中可以看到，材料存在大面积的薄层结构，展现出纳米层状 MoS₂ 的层状薄膜结构。此外，图 2.5(b)和(c)中高分辨透射电子显微镜（HR-TEM）形貌显示出 MoS₂ 材料具有高结晶度且其（002）晶面间距为 6.2Å，图 2.5(b)中的插图为选区电子衍射图案，很好地对应于纯的六方晶体结构二硫化钼相，且结晶性较好。因此，HR-TEM 图像同样表明，采用插层–爆炸法所制备的纳米层状 MoS₂ 材料具有明显的少层二维结构，且具有较好的结晶性。

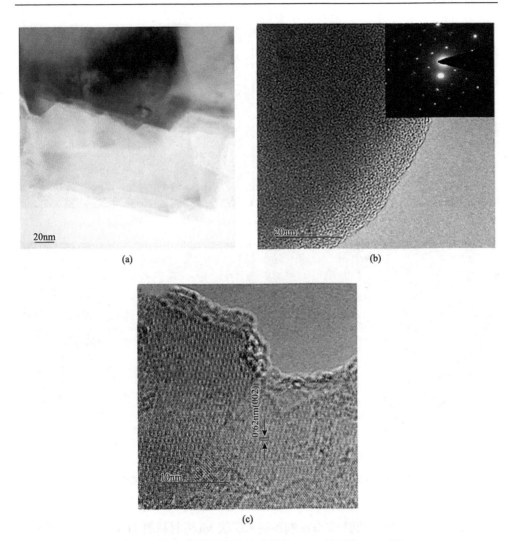

图 2.5　插层-爆炸法制备纳米层状 MoS₂ 材料的 TEM 图

（a）、（b）低分辨 TEM 图；（c）HR-TEM 图

　　图 2.6 为纳米层状 MoS₂ 材料不同区域原子力显微镜（AFM）图，从图 2.6(a)、(b)的 AFM 图可以看出，所制备的材料为片状的薄膜样品，且由图 2.6(a)所示的 AFM 高度分布曲线可看出，材料厚度为 2～5nm，由于单层二硫化钼厚度为 0.65nm，说明此样品层数为 3～8 层；而由图 2.6(b)的 AFM 高度分布曲线所示，纳米层状 MoS₂ 材料厚度为 1.1～3.3nm，表明此为 2～5 层纳米层状 MoS₂ 材料。

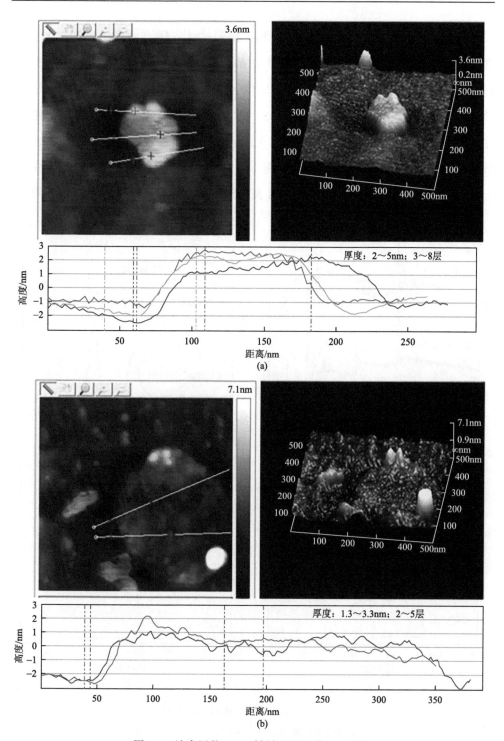

厚度：2～5nm；3～8层

厚度：1.3～3.3nm；2～5层

图 2.6　纳米层状 MoS$_2$ 材料不同区域 AFM 图

为了进一步分析纳米层状 MoS_2 材料在插层-爆炸剥离过程中的元素与化学态变化，采用 X 射线光电子能谱（XPS）对插层 MoS_2 和插层-爆炸剥离后 MoS_2 材料进行测试，结果如图 2.7 所示。图 2.7(a)XPS 全谱图显示插层 MoS_2 与插层-爆炸剥离后 MoS_2 材料主要元素为 Mo、S、O、C，在 XPS 测试中，由于吸附空气中水分和气体，C、O 元素的出现通常无法避免，而插层-爆炸制备方法可能由于插层过程中的含氧官能团未完全分解而出现 O 残留，因此所得 MoS_2 材料中主要元素为 Mo、S、O；图 2.7(b)、(c)XPS 高分辨谱图显示，插层 MoS_2 与插层-爆炸

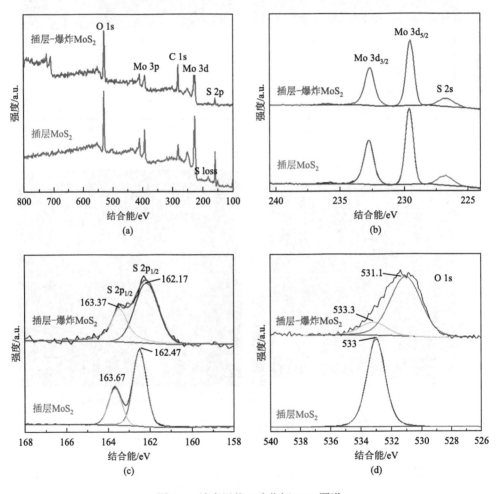

图 2.7　纳米层状二硫化钼 XPS 图谱

（a）XPS 全谱图；Mo（b）、S（c）、O（d）元素谱图

MoS_2 在 Mo 和 S 分谱中出现的峰分别对应的是二硫化钼的 Mo $3d_{3/2}$、Mo $3d_{5/2}$、S $2p_{1/2}$ 与 S $2p_{3/2}$ 特征峰，说明这两个步骤所得到的材料均为 MoS_2 材料；图 2.7(d) 高分辨 O 1s 图中插层 MoS_2 材料特征峰所对应结合能为 533eV，其对应的为 S—OH 键所含 O 元素的特征峰，而插层-爆炸 MoS_2 材料含有强弱两个峰，分别为 531.1eV 对应的大量的游离水分子和 533.3eV 对应的少量 S—OH 键。因此，XPS 测试结果表明氧化插层过程在 MoS_2 表面和层间插入了—OH 基团，形成 S—OH，爆炸之后氧化插层过程在表面和层间所形成的 S—OH 键断裂，—OH 大量分离，只有少量残留在层间。

2.1.3　插层-爆炸法剥离机理分析

通过分析 MoS_2 材料的氧化插层和爆炸剥离过程，揭示 MoS_2 的剥离机理如下：首先，通过低温到高温的一系列反应过程，强氧化剂将 MoS_2 完全插层，产生丰富的含氧官能团键合到硫原子层结构的 MoS_2 基底面与层间，增加了 MoS_2 层间距并削弱了其范德瓦耳斯力；其次，通过快速加热和大量爆炸剂的自我诱导产生的热能，在微秒级的时间内产生强大冲击波而引发爆炸，使得块体 MoS_2 破碎分层，材料尺寸减小；最后，插层 MoS_2 被迅速加热到高温，含氧官能团分解成 CO_2 和 H_2O，产生的气体进入相邻的 MoS_2 片层间的空隙，引发扩张导致 MoS_2 片层剥落。爆炸形成的冲击波与气体对流将 MoS_2 剪切成小片段并剥离片层，形成纳米层状 MoS_2 片状材料。

2.2　氧化插层与高能爆炸工艺优化

2.2.1　氧化插层工艺优化

基于 MoS_2 氧化插层工艺过程分析，设计了三种去离子水加入工艺：①在 35℃ 时加入与浓硫酸等体积的去离子水；②在 35～92℃ 加热过程中缓慢持续加入去离子水；③在 35～92℃ 加热过程中，且在 92℃ 保温阶段持续加入去离子水。以上三种方法除去离子水加入流程不同，其他工艺过程均相同，且按照 2.1 节 MoS_2 氧化插层工艺方法进行。对三种不同加去离子水工艺制得的氧化插层二硫化钼进行傅里叶变换红外光谱（FT-IR）分析、XPS 图谱分析和 Raman 光谱分析。

2.2.2　高能爆炸工艺设计

通过分析纳米层状 MoS_2 材料的爆炸工艺过程，苦味酸和 MoS_2 材料的爆炸配比对爆炸产物相组成和结构起到关键作用。因此，为了实现纳米层状 MoS_2 材料的可控制备，设计了不同爆炸配比实验，其中苦味酸和插层 MoS_2 质量比分别为 1：2、1：1、2：1、5：1、10：1 及 20：1，采用 XRD、XPS 对爆炸产物进行物相和价态分析，并通过 HR-TEM 与 AFM 观察计算插层-爆炸 MoS_2 材料的微观形貌、层状结构和层数。结果表明，按不同爆炸配比进行爆炸剥离得到的 MoS_2 材料含有不同的相组成、形貌和结构，其中 1：2 配比爆炸所得 MoS_2 材料片层较厚，未达到剥离效果，因此只给出透射电镜表征图像，未作进一步分析测试。

2.2.3　氧化插层 MoS_2 表征分析

1. 傅里叶变换红外光谱分析

图 2.8 所示为三种氧化插层工艺所得 MoS_2 材料的 FT-IR 图，在原始 MoS_2 和插层 MoS_2 材料中均可观察到 $1640cm^{-1}$ 和 $3400cm^{-1}$ 处的高强度吸收峰，并且插层 MoS_2 材料的吸收峰强度高于原始 MoS_2 材料，且从插层工艺①到工艺③逐渐增大，而吸收峰出现在 $1640cm^{-1}$ 和 $3000\sim3800cm^{-1}$ 处，分别对应于水的弯曲和羟基的伸缩振动。因此结果表明，在原始 MoS_2 材料中存在少量的水，而氧化插层 MoS_2 材料中含有较多的水和羟基。此外，除了原始 MoS_2 材料外，所有插层 MoS_2 材料中均在 $1100cm^{-1}$ 处出现较强的吸收峰，且峰值强度从插层工艺①到工艺③逐渐增大，而红外光谱在 $1030\sim1400cm^{-1}$ 处吸收峰对应于 $S=O$ 键伸缩振动，因此，可以发现氧化插层所形成的 $S=O$ 键遵循从插层工艺①到工艺③逐渐增大的趋势，说明采用第三种加去离子水方法所制备的 MoS_2 材料氧化插层程度最高。

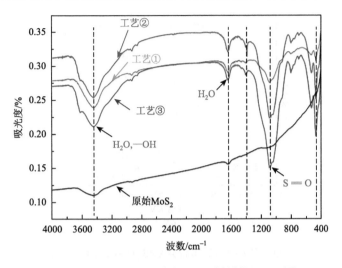

图 2.8 不同插层工艺所得 MoS₂ 材料的 FT-IR 图

2. XPS 图谱分析

图 2.9 所示为原始 MoS₂ 和插层 MoS₂ 材料的 XPS 图谱，由图 2.9(a)、(b) Mo 元素与 S 元素高分辨 XPS 图谱可知，三种插层工艺所得到的 MoS₂ 材料峰结合能均对应着 Mo $3d_{3/2}$、Mo $3d_{5/2}$、S $2p_{1/2}$ 和 S $2p_{3/2}$ 轨道，表明三种处理方法所得到的样品均为 MoS₂ 材料；图 2.9(c) O 元素高分辨 XPS 图谱中原始 MoS₂ O1s 峰结合能处于 532.1eV，对应着游离水中的—OH，而经三种不同加去离子水方法制得的氧化插层 MoS₂ O1s 峰结合能主要处于 533eV（其对应为 S—OH 键），仅采用插

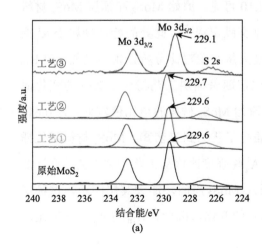

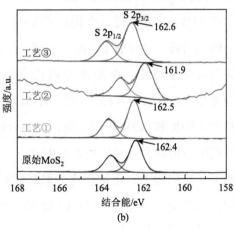

(a)　　　　　　　　　　　　　(b)

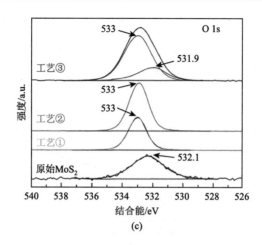

图 2.9　原始 MoS_2 和插层 MoS_2 材料的 XPS 图谱

层工艺③所得到的材料在 531.9eV 位置出现较低峰，并且在 533eV 结合能处对应的峰值遵循从工艺①到工艺③的加水方法逐渐增大的趋势，说明采用在从低温到高温过程中持续加入去离子水的方法所制备的 MoS_2 材料中 S—OH 键含量最高，即氧化插层程度最高。

3. Raman 光谱分析

图 2.10 为原始 MoS_2 和插层 MoS_2 材料的 Raman 光谱图，由图可以看出，所制备的四种材料在 $383cm^{-1}$ 及 $405cm^{-1}$ 处均出现振动特征峰，分别对应于 MoS_2 的 E_{2g}^1 和 A_g^1 振动峰；此外，由图 2.10 可见，原始 MoS_2 和插层 MoS_2 材料均在 $415cm^{-1}$ 处出现一个振动特征峰，据文献记载[72]，此处的特征峰属于 A_g^1 振动峰的肩峰，对应着 B_{1u} 振动模式。经过大量实验对比分析，我们发现，该 B_{1u} 振动峰强度与其主峰 A_g^1 振动峰强度的比值随着插层工艺①~工艺③的变化而逐渐增大，分别为 0.68、0.87、1.15，且原始 MoS_2 材料的该比值较低，为 0.61。结合 FT-IR 和 XPS 分析结果，从氧化插层工艺①到工艺③，MoS_2 材料氧化插层程度逐渐增大，而拉曼光谱中 B_{1u} 与 A_g^1 峰强度比值从工艺①到工艺③亦逐渐增大。这归因于氧化插层将含氧基团插入 MoS_2 层间，加大其层间距，这种层间结构的变化引起在 $415cm^{-1}$ 处振动模式的变化。因此，B_{1u} 与 A_g^1 峰强度比对应于氧化插层的程度。

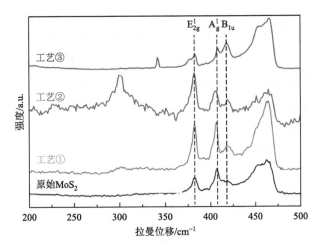

图 2.10　原始 MoS₂ 和插层 MoS₂ 材料的 Raman 光谱图

研究表明，MoS₂ 的拉曼 B_{1u} 振动模式包含着纵向准声学声子和横向光学声子的双声子散射过程，它起源于原始 MoS₂ A_g^1 振动峰的肩峰，并且随着 MoS₂ 层间变化而在 415cm⁻¹ 处演变成一个独立的峰。因此，我们用 B_{1u} 与 A_g^1 峰强度的比值 η 来表示由于 MoS₂ 片层间距和键含量变化导致的双声子散射强度的变化。η 值表示如下：

$$\eta = \frac{I_{B_{1u}}}{I_{A_g^1}} \tag{2.1}$$

其中，$I_{B_{1u}}$ 为 B_{1u} 振动峰值，$I_{A_g^1}$ 为 A_g^1 振动峰值。

根据 FT-IR 和 XPS 图谱分析结果，第三种氧化插层工艺方法所制备的 MoS₂ 材料氧化插层程度最高，其对应的 η 值最大，表明该方法具有最优的氧化插层效率。

2.2.4　氧化插层机理分析

通过对三种不同氧化插层方法制备材料的分析，可以得出 MoS₂ 的氧化插层机理如图 2.11 所示。这三种方法的不同之处在于，中高温反应时段的加去离子水的工艺不同，第三种加去离子水方法，即在 35～92℃ 加热过程中，且在 92℃ 保温阶段持续加入去离子水的方法具有最高的氧化插层效率。其原因是，在中高温氧化插层过程中，缓慢持续加入温热去离子水能够在加热过程中降低浓 H_2SO_4 芯部温度，减少 MoS_2 在浓 H_2SO_4 中的溶解；并且去离子水的加入能够促进反应液沸腾及水的裂解，加速 MoS_2 表面的反应进程，在其表面及层间插入更多—OH 基团，可以达到更好的插层效果。

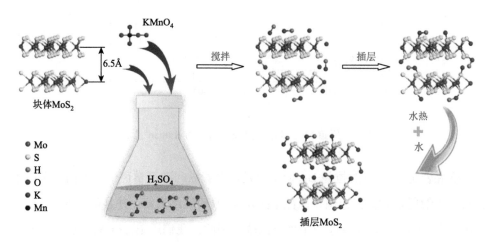

图 2.11　MoS_2 的氧化插层机理图

2.2.5　高能爆炸剥离 MoS_2 材料表征分析

1. XRD 物相和 XPS 图谱分析

图 2.12 所示为原始 MoS_2、插层 MoS_2 及不同爆炸配比制得 MoS_2 材料的 XRD 和高分辨 XPS 图谱。如图 2.12(a)所示，插层 MoS_2 和 1∶1 爆炸配比 MoS_2 材料的主峰，如（002）、（100）、（103）及（006）均可对应于 2H 晶型 MoS_2（JCPDS 37-1492），（002）峰的反射强度由原始 MoS_2、插层 MoS_2 到 1∶1 爆炸配比 MoS_2 逐渐增大，而（002）反射强度的提高则预示着 MoS_2 具有更大的层间距。该结果表明，插层和爆轰过程没有改变 MoS_2 的六方晶结构，并且增大了分子层的层间距。

通过观察图 2.12(b)可以发现，一种新的 Mo_2S_3 相出现在 2∶1、5∶1、10∶1 及 20∶1 爆炸配比 MoS_2 产物中，它们的主峰均对应于 2H-MoS_2 和 Mo_2S_3 相，此

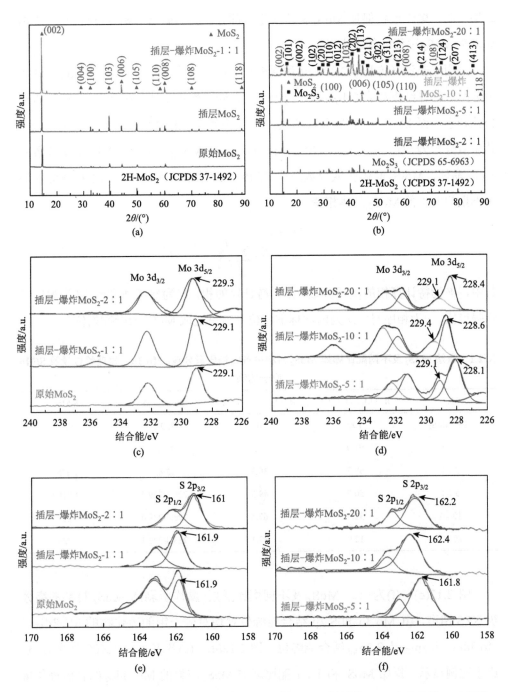

图 2.12　原始 MoS₂、插层 MoS₂ 及不同爆炸配比制得 MoS₂ 材料的 XRD 和高分辨 XPS 图谱

结果表明，爆炸过程促使 MoS_2 材料发生了部分相变，而这一相变过程在 1：1 爆炸剥离 MoS_2 过程中基本未发生。

采用绝热法（方程（2.2））运用 XRD 数据计算所得产物 MoS_2 和 Mo_2S_3 的质量分数，计算结果如表 2.1 所示。结果表明，随着爆炸配比的增大，MoS_2 的质量分数减小，而 Mo_2S_3 的质量分数增大；1：1 爆炸配比的 MoS_2 基本未发生相变，其质量分数为 97.9%；然而，20：1 爆炸配比的 MoS_2 中仅含 12.9% 质量分数的 MoS_2 晶体，Mo_2S_3 晶体质量分数高达 87.1%。此结果再次证明，高配比爆炸促进了不期望发生的 MoS_2 晶体相变。

$$W_X = \frac{I_X}{K_A^X \sum_{i=A}^{N} \frac{I_i}{K_A^i}} \tag{2.2}$$

其中，W 为待计算相的质量分数，X 为待计算的相，K 为参考强度比，I 为测试实际强度比，i 为相序号，A 为内部标准相位，这里选取 MoS_2 为标准相位。

表 2.1 原始 MoS_2 及不同配比爆炸 MoS_2 材料中各物相质量分数、Mo 3d$_{5/2}$ 轨道峰位置及 S/Mo 原子比例

样品	W（MoS_2）/wt%	W（Mo_2S_3）/wt%	Mo 3d$_{5/2}$/eV	S/Mo
块体 MoS_2	100	0	229.1	2
1：1	97.9	2.1	229.1	2
2：1	69.7	30.3	229.3	1.676
5：1	50.7	49.3	228.1/229.1	1.618
10：1	32.6	67.4	228.6/229.4	0.862
20：1	12.9	87.1	228.4/229.1	0.729

图 2.12(c)～(f)为原始 MoS_2 及不同配比插层-爆炸所剥离 MoS_2 材料的高分辨 XPS 图谱，其 Mo 3d 和 S 2p 结合能峰位置均对应于钼的硫化物的 Mo 3d$_{3/2}$、Mo 3d$_{5/2}$、S 2p$_{1/2}$ 及 S 2p$_{3/2}$ 结合能峰位。图 2.12(c)、(e)及表 2.1 中 XPS 结果 S/Mo 原子比例显示，原始 MoS_2 和 1：1 配比爆炸 MoS_2 产物的 Mo 3d$_{5/2}$ 结合能峰位置均处于 229.1eV，对应于 Mo^{4+}，且 S 2p$_{3/2}$ 结合能峰位置处于 161～162eV，对应于硫化物。对应于 Mo^{4+} 的 Mo 3d$_{5/2}$ 结合能峰均出现于在 2：1、5：1、10：1 及 20：1

配比爆炸 MoS_2 中。然而，如图 2.12(d)、(f)所示，在 MoS_2 高配比爆炸下出现了新的结合能峰，该峰处于 228.1～228.6eV，对应于 Mo^{3+}，而且 S $2p_{3/2}$ 结合能峰位置处于 161.8～162.4eV，仍然对应于硫化物。与 XRD 分析结果进行比较，XPS 谱可以确定在高配比爆炸条件下出现了新的 Mo_2S_3 相。

通过 XPS 元素分析可以得到原始 MoS_2 和不同配比爆炸剥离 MoS_2 材料中 S 和 Mo 的原子数量比，结果如表 2.1 所示。结果表明，原始 MoS_2 和 1∶1 配比爆炸 MoS_2 的 S/Mo 原子比均为 2，而 2∶1、5∶1、10∶1 及 20∶1 配比爆炸 MoS_2 中 S/Mo 原子比逐渐降低，分别为 1.676、1.618、0.862 和 0.729，这同样证明高配比爆炸促使 MoS_2 发生了分解，且随着爆炸剂的量增大，MoS_2 的分解反应发生更容易。

2. TEM 形貌分析

图 2.13 与图 2.14 所示分别为 1∶2、1∶1、2∶1、5∶1、10∶1 及 20∶1 配比爆炸 MoS_2 材料的 TEM 图。图 2.13 为苦味酸与 MoS_2 1∶2 配比爆炸 MoS_2 材料的形貌图，由图可以看出，经过爆炸后 MoS_2 材料结构未发生明显改变，呈现出较厚的块体结构，未被剥离为少层或单层 MoS_2，由此可说明，1∶2 配比爆炸不能

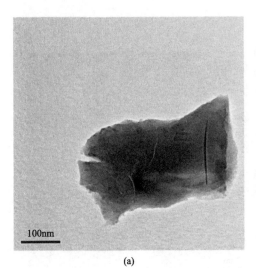
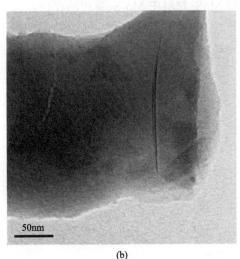

100nm

50nm

(a)

(b)

图 2.13 1∶2 配比爆炸 MoS_2 材料 TEM 图

提供足够的爆轰能量使得 MoS_2 发生剥离。由图 2.14(a)所示 1∶1 配比爆炸 MoS_2 材料形貌结构图可以看出，MoS_2 剥离后展现出层状结构。此外，由图 2.14(b)中 HR-TEM 图可以清晰地看出高结晶度的层状 MoS_2，经测量，其晶面间距为 2.7Å，对应着（100）晶面，其 SAED 如图 2.14(b)中的插图所示，能较好地索引为纯的 MoS_2 六方单晶相，说明通过 1∶1 配比爆炸获得了高结晶度的 MoS_2 纳米片。此外，在图 2.14(c)中，2∶1 配比爆炸 MoS_2 材料出现大面积褶皱薄片，表现出较好的层状结构，其在图 2.14(d)所示高分辨率 TEM 形貌和插图中 SAED 表现出两个方向交叉的莫尔条纹和两套重叠的衍射斑点图，这表明纳米层状 MoS_2 材料中存在两层不同取向且重叠的晶体。

从图 2.14(e)中可以看出，5∶1 配比爆炸 MoS_2 为具有多层边缘的块体材料，其表现出较差的剥离效果。此外，具有一定方向排列的莫尔条纹在 HR-TEM 中几乎不可见，并且在 SAED 图中可以看到多点大角度重叠的衍射花样。更糟糕的是，图 2.14(g)、(i)中 10∶1 和 20∶1 配比爆炸 MoS_2 为大块的块状材料，且表面布满小颗粒，SAED 图显示出 10∶1 配比爆炸 MoS_2 中存在多晶衍射环和无定形态的光晕，而 20∶1 配比爆炸 MoS_2 仅呈无定形状态。这些结果同样表明，在高配比爆炸过程中 MoS_2 发生晶相转变，很好地对应了 XRD 测试结果中大配比爆炸剥离 MoS_2 材料中 Mo_2S_3 新相的存在。

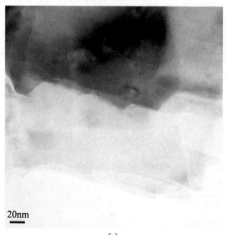

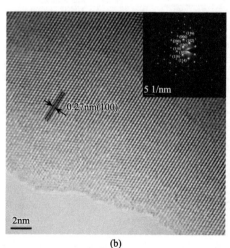

（a）　　　　　　　　　　　　　　　　　　（b）

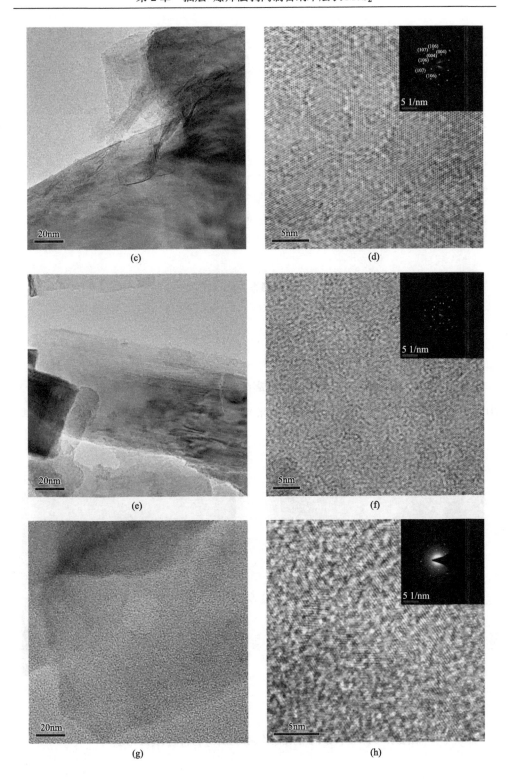

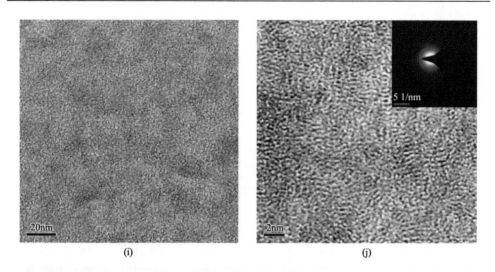

图 2.14　不同配比爆炸 MoS₂ 材料 TEM 图

(a)、(b) 1 : 1；(c)、(d) 2 : 1；(e)、(f) 5 : 1；(g)、(h) 10 : 1；(i)、(j) 20 : 1

3. AFM 图像分析

图 2.15 为 1 : 1 和 2 : 1 配比爆炸剥离 MoS₂ 材料的 AFM 形貌图。从图 2.15(a) 中可以看出，一片边缘模糊的 MoS₂ 纳米片存在于基底上，根据厚度计算得到其

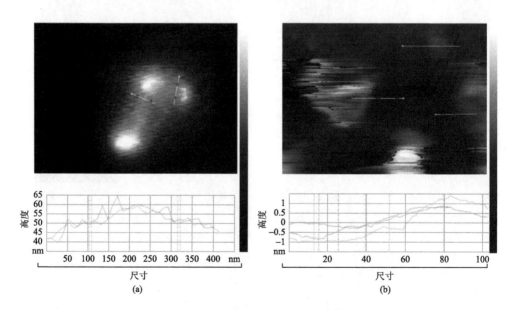

图 2.15　1 : 1 和 2 : 1 配比爆炸剥离 MoS₂ 材料的 AFM 形貌图

平均厚度为 1.35nm，由于 MoS₂ 片每层厚度约为 0.65nm，因此可判断该 MoS₂ 为双层纳米片；该 MoS₂ 纳米片边缘显示较亮信号，是由于边缘发生褶皱而厚度增加。图 2.15(b)为 2∶1 配比爆炸所剥离 MoS₂ 材料呈现出多片纳米结构，且在其边缘的平均厚度为 0.7nm，属于单层 MoS₂ 纳米材料，与 TEM 形貌表征结果相对应。由此结果表明，1∶1 和 2∶1 配比爆炸均具有较好的剥离效果，能够剥离出少层和单层的 MoS₂ 材料。

2.2.6　高能爆炸剥离机理分析

基于上述讨论，揭示纳米层状 MoS₂ 爆炸剥离机理如图 2.16 所示。将含[—OH]基团的插层 MoS₂ 装入密封的不锈钢反应釜中进行爆炸剥离，高能爆轰一方面形成高速冲击波对 MoS₂ 薄片进行切割和分离；另一方面，苦味酸的爆炸是一个分解反应过程，产生大量的气体，包含水蒸气（H_2O）、氮气（N_2）、一氧化碳（CO）及碳蒸气（C），反应方程如式（2.3）所示。苦味酸分解后，含氧基团[—OH]与 CO 在爆炸诱导下发生高温反应，生成 CO_2 和 H_2O 气体，如反应式（2.4）所示，产生的气体进入相邻的 MoS₂ 片层之间，增大 MoS₂ 层间距，并且随着高能爆炸冲击，最终将其剥离为层状 MoS₂ 材料。随着爆炸剂配比增大，爆炸冲击能量增大，

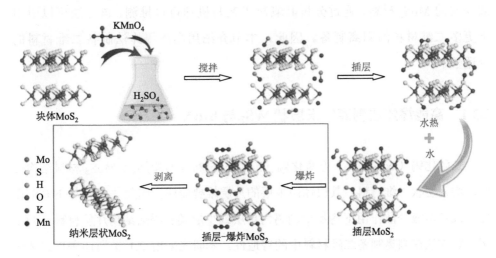

图 2.16　纳米层状 MoS₂ 爆炸剥离机理示意图

同时体系温度急剧升高，促使 MoS_2 发生分解反应，如式（2.5）所示，MoS_2 分解为 Mo_2S_3 与 S 单质，S 随后与苦味酸爆炸分解的 CO 和 H_2O 反应生成 H_2S 和 CO_2 气体。因此，爆炸剂的增加降低了 MoS_2 的剥离质量，且引入了大量杂相，故在实际应用中选择 1：1 爆炸剂与 MoS_2 质量配比为纳米层状 MoS_2 材料爆炸剥离的最优配比。

$$2C_6H_3N_3O_7(s) \longrightarrow 3H_2O(g) + 3N_2(g) + 11CO(g) + C(g) \tag{2.3}$$

$$[OH]^- + CO(g) \longrightarrow CO_2(g) + H_2O(g) \tag{2.4}$$

$$2MoS_2(s) \longrightarrow Mo_2S_3(s) + S(g) \tag{2.5}$$

$$S(g) + CO(g) + H_2O(g) \longrightarrow H_2S(g) + CO_2(g) \tag{2.6}$$

2.3　高能爆炸法剥离制备二维材料的普适性

类似于石墨烯材料的层状结构，二维材料受到了研究人员的广泛关注，而高效制备高质量的二维层状材料是其发展应用的瓶颈，因此开发出高效的普适性剥离方法具有深远的现实意义。本节利用插层-爆炸法成功剥离出单层或少层的 MoS_2 材料，通过分析其剥离工艺与机理可以推测，该方法可以适用于更多二维材料的剥离制备。因此，本节介绍用高能爆炸法制备二维材料的普适性。

2.3.1　高能爆炸法剥离纳米层状 WS_2 与 h-BN

二硫化钨（WS_2）及六方氮化硼（h-BN）材料与石墨烯及 MoS_2 材料结构类似，均为层状二维材料，其块体由单层的片层堆叠而成。因此，WS_2 与 h-BN 在外力或者溶液分散作用下均易于剥离为单层或少层类石墨烯结构片层材料。为了探索爆炸法在剥离制备二维材料中的普适性，本研究采用 2.1 节所述爆炸工艺剥离商业块体 WS_2 与 h-BN 材料，在爆炸过程中，爆炸剂苦味酸与原料粉末采用

1：1 质量比混合，爆炸工艺过程以及产物收集过程与 MoS$_2$ 插层–爆炸制备工艺中爆炸剥离工艺相同。

2.3.2　物相与晶体结构表征

采用 XRD、XPS 与 Raman 光谱表征技术对爆炸剥离前后 WS$_2$ 与 h-BN 材料进行物相与晶体结构表征，结果如图 2.17～图 2.19 所示。

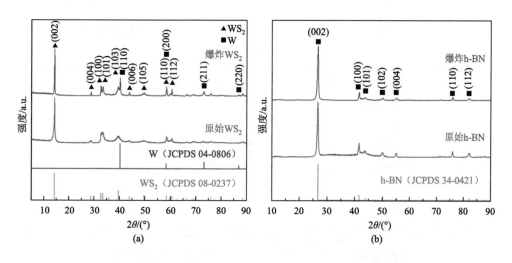

图 2.17　爆炸剥离前后 WS$_2$（a）与 h-BN（b）材料 XRD 图谱

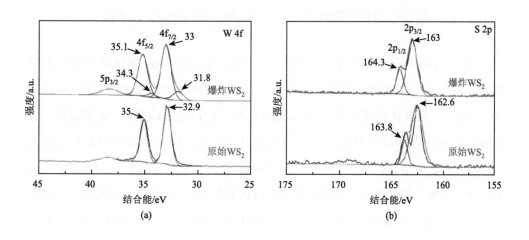

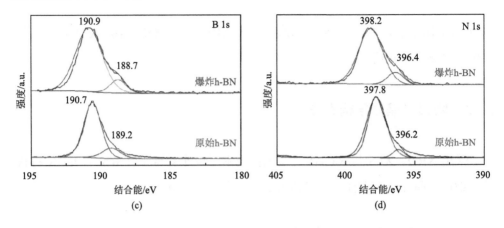

图 2.18　爆炸剥离前后 WS$_2$（a）、（b）与 h-BN（c）、（d）材料 XPS 图谱

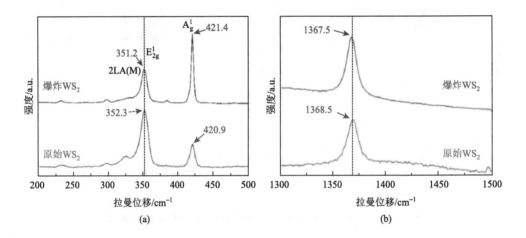

图 2.19　爆炸剥离前后 WS$_2$（a）与 h-BN（b）材料 Raman 图谱

图 2.17(a)显示为块体 WS$_2$ 与爆炸剥离 WS$_2$ 材料的 XRD 图谱以及 WS$_2$ 的标准峰。从图中可以看出，爆炸剥离得到 WS$_2$ 的主要反射峰，例如（002）、（100）和（110）晶面的特征峰可以与 WS$_2$ 晶体结构（JCPDS 08-0237）索引对应，表明爆炸剥离过程保持了 WS$_2$ 材料六方相的晶体结构，其中（002）反射峰主要来自 WS$_2$ 层间 W-W 原子层的散射，由沿 c 轴堆叠的 WS$_2$ 层的数量和间距反映出来，而（100）和（110）反射峰反应层内相互作用。通过进一步比较，可以发现在爆炸剥离的 WS$_2$ 材料中有 W 元素较弱的衍射峰（110）、（200）和（211），

与 W（JCPD 04-0806）索引相对应，表明在爆炸过程中有少量的 WS$_2$ 发生分解，生成了 W 元素。

类似地，图 2.17(b)中块体和爆炸剥离 h-BN 材料的 XRD 对比图谱显示出 h-BN（002）、（100）、（004）以及（110）晶面反射峰与 h-BN 晶体标准峰（JCPDS 34-0421）索引相对应。此 XRD 衍射结果表明，爆炸反应没有改变 h-BN 材料六方相的晶体结构。

图 2.18(a)、(b) XPS 光谱结果显示，爆炸前后材料结合能峰位置对应于 WS$_2$ 的 W 4f$_{5/2}$、W 4f$_{7/2}$、S 2p$_{1/2}$ 与 S 2p$_{3/2}$ 电子轨道。位于 33eV 附近的 W 4f$_{7/2}$ 结合能峰可归因于 W^{4+} 的电子轨道特征，而位于 163eV 处的 S 2p$_{3/2}$ 峰可对应于硫化物，说明爆炸产物为结晶性良好的 WS$_2$ 材料。此外，仔细观察会发现，在 W 4f$_{7/2}$ 与 W 4f$_{5/2}$ 轨道处附近出现了 31.8eV 与 34.3eV 两个新的结合能峰，该峰对应于 W 单质，但峰强度很小，表明元素 W 的含量较低。因此 XPS 测试结果表明，在 WS$_2$ 材料爆炸剥离后整体结晶性良好，少量 WS$_2$ 发生分解生成新的 W 元素，这也证实了 XRD 图谱分析结果。

如图 2.18(c)、(d)所示，h-BN 材料的 B 1s 和 N 1s 电子轨道高分辨 XPS 光谱结合能位置分别为 190.7eV 和 397.8eV，爆炸剥离后 h-BN 材料的 B 1s 和 N 1s 光谱的结合能位置无太大改变，分别为 190.9eV 和 398.2eV，且无新的相出现，表明通过高能爆炸剥离的 h-BN 材料不会改变相组成和原子价态。

图 2.19 为块体和爆炸剥离的 WS$_2$ 与 h-BN 材料的 Raman 图谱。从图 2.19(a) 可以看出，原始块体和爆炸剥离 WS$_2$ 光谱在 352.3cm^{-1} 与 421.4cm^{-1} 附近均出现两个振动峰，而 352.3cm^{-1} 处特征峰对应于 WS$_2$ 材料二阶纵向声模 2LA（M）和面内 E$_{2g}^1$ 振动模式，421.4cm^{-1} 处峰对应于 WS$_2$ 材料的平面外声 A$_g^1$ 振动模式[75-78]。从图 2.19 中还可以看出，在 WS$_2$ 材料爆炸后，E$_{2g}^1$ 和 A$_g^1$ 峰相对于原始 WS$_2$ 材料半高宽（FWHM）减小，表明在爆炸之后 WS$_2$ 材料的结晶度提高。

原始块体和爆炸剥离 h-BN 材料的 Raman 图谱对比图如图 2.19(b)所示，振动峰分别在 1368.5cm^{-1} 和 1367.5cm^{-1} 处，反映出 h-BN 材料的晶体特性，且爆炸剥离后 h-BN 材料 Raman 振动特征峰半高宽降低，表明爆炸剥离后 h-BN 材料的结晶度提高。

2.3.3　二维材料形貌表征

为了验证爆炸剥离方法对二维材料的剥离效果，采用 TEM 与 AFM 表征方法对爆炸剥离后 WS_2 和 h-BN 材料的微观形貌与片层厚度进行表征，其结果如图 2.20 与图 2.21 所示。

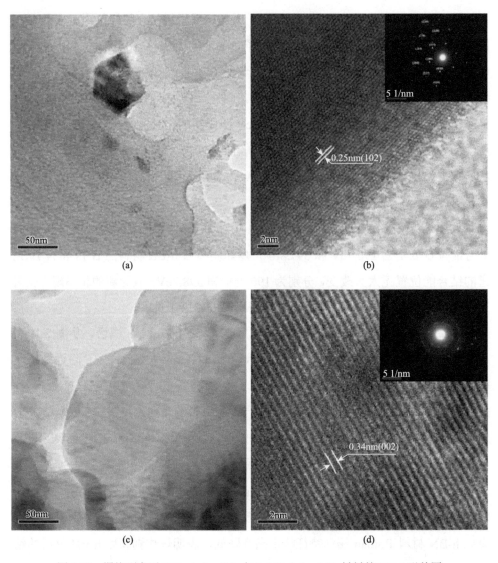

图 2.20　爆炸剥离后 WS_2（a）、（b）与 h-BN（c）、（d）材料的 TEM 形貌图

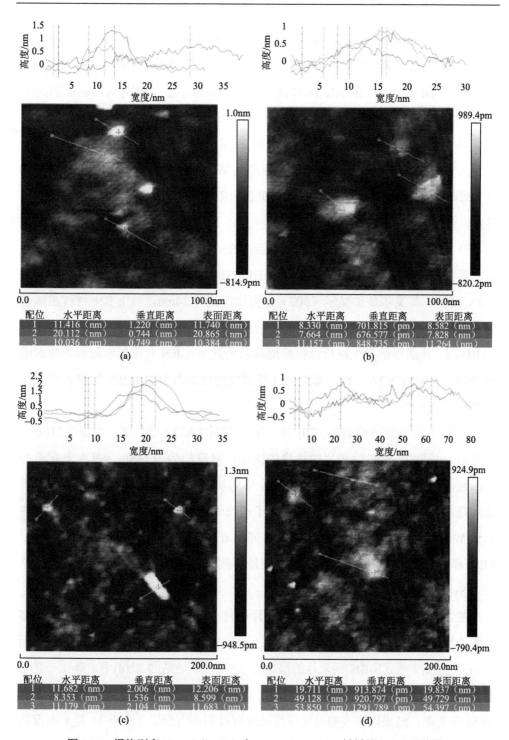

配位	水平距离	垂直距离	表面距离
1	11.416（nm）	1.220（nm）	11.740（nm）
2	20.112（nm）	0.744（nm）	20.865（nm）
3	10.036（nm）	0.749（nm）	10.384（nm）

(a)

配位	水平距离	垂直距离	表面距离
1	8.330（nm）	701.815（pm）	8.582（nm）
2	7.664（nm）	676.577（pm）	7.828（nm）
3	11.157（nm）	848.735（pm）	11.264（nm）

(b)

配位	水平距离	垂直距离	表面距离
1	11.682（nm）	2.006（nm）	12.206（nm）
2	8.353（nm）	1.536（nm）	8.599（nm）
3	11.179（nm）	2.104（nm）	11.683（nm）

(c)

配位	水平距离	垂直距离	表面距离
1	19.711（nm）	913.874（pm）	19.837（nm）
2	49.128（nm）	920.797（pm）	49.729（nm）
3	53.850（nm）	1291.789（pm）	54.397（nm）

(d)

图 2.21　爆炸剥离 WS$_2$（a）、（b）与 h-BN（c）、（d）材料的 AFM 形貌图

爆炸剥离后 WS_2 和 h-BN 材料的 TEM 图像分别如图 2.20(a)、(b)与(c)、(d)所示。从图 2.20(a)可以看出，剥离后 WS_2 材料显示出明显的薄层结构，且边缘带有褶皱；图 2.20(b)中的 HR-TEM 图像清楚地显示了层状 WS_2 高结晶度的莫尔条纹，其在（102）晶面的间距为 0.25nm，与 WS_2 材料晶体结构（JCPDS 08-0237）索引中（102）晶面间距数值相吻合；图 2.20(b)插图中的 SAED 图像同样显示出了六方结构的晶格衍射点，这能与标准纯 WS_2 六边形单晶相索引很好对应，说明爆炸处理后 WS_2 不仅被剥离为高质量的薄片层材料，而且保持了较高的结晶度。

图 2.20(c)的 TEM 图显示爆炸剥离后 h-BN 材料由少数几层薄片层堆叠，显示出明显的层状结构；图 2.20(d)中的 HR-TEM 图像清楚地显示了高结晶度的 h-BN 晶体，其莫尔条纹显示（002）晶面间距为 0.34nm，与 h-BN 材料晶体结构（JCPDS 34-0421）索引中（002）晶面间距数值相吻合；图 2.20(d)插入图为 SAED 图，其圆形衍射光斑可以很好地标示为几层 h-BN 六角形单晶相堆叠而成的晶相，说明同 WS_2 一样，爆炸处理能够成功地剥离少层 h-BN 材料，并且保持良好的结晶性。

图 2.21 所示为爆炸剥离 WS_2 和 h-BN 材料的 AFM 形貌图，由图 2.21(a)可以看出，基板上 WS_2 纳米片的边缘较模糊，厚度约为 0.74nm，薄片上有明亮的凸起，厚度约为 1.22nm。通常，单层 WS_2 材料的厚度约为 0.6nm，这表明该薄片是单层 WS_2 材料，其上分散堆叠了约 2 层的样品。在图 2.21(b)中有一些小块 WS_2 薄片，平均厚度为 0.742nm，同样表明其为单层 WS_2 材料。结合 HR-TEM 和 AFM 结果表明，高能爆炸处理能得到具有良好剥离效果的高结晶度单层 WS_2 材料。

图 2.21(c)所示为爆炸剥离的 h-BN 片层材料的 AFM 形貌图，视野中出现多个多边形 h-BN 纳米片，厚度为 1.5~2.1nm，一般来说单层 h-BN 材料厚度约为 0.3nm，由此说明，h-BN 纳米片的层数为 5~7 层。在图 2.21(d)中，存在一些小面积 h-BN 片层，其厚度为 0.9~1.2nm，表明层数为 3~4 层。结合 HR-TEM 和 AFM 形貌图，结果同样表明高能爆炸处理可以剥离出少层（少于 10 层）高度结晶的 h-BN 纳米片材料，因此具有良好的剥离效果。

2.4　小　　结

　　本章通过分析 MoS_2 材料结构和插层–爆炸法的工艺特点，优化了插层与爆炸剥离工艺，并通过爆炸法对 WS_2 与 h-BN 材料进行剥离，探究了爆炸法对二维材料剥离制备的普适性。制定了三种不同的插层工艺方案，通过检测表征分析了不同工艺的插层效率，确定了在氧化插层过程中从中温到高温过程中持续加入去离子水的最优方案，并揭示其原因为在中高温插层过程中持续加入去离子水能够在加热过程中降低浓 H_2SO_4 的芯部温度，减少 MoS_2 在浓 H_2SO_4 中的溶解，并且能够促进反应液沸腾及水的裂解，加速 MoS_2 表面的反应进程，在其表面及层间插入更多—OH 基团，以达到更好的插层效果；通过设计不同 MoS_2 与苦味酸的爆炸配比，制得多种爆炸剥离 MoS_2 材料，经过检测表征分析，获得了爆炸剂配比对纳米层状 MoS_2 产物质量的影响规律，最终确定了纳米层状 MoS_2 材料的最优爆炸剥离配比为 1∶1，并揭示其原因为，爆炸一方面形成高速冲击波对 MoS_2 薄片进行切割和分离，另一方面，苦味酸的爆炸是一个分解反应过程，产生大量的气体与含氧基团在爆炸诱导下发生高温反应，同时又生成大量气体进入相邻的 MoS_2 片层之间，增大 MoS_2 层间距，并且随着高能爆炸冲击，最终将其剥离为层状 MoS_2 材料。

第 3 章　插层–还原法剥离制备纳米层状 MoS₂

如第 1 章所述，纳米层状二硫化钼因其独特的结构性质和功能特性成为二维材料领域中新兴的研究热点。作为继石墨烯之后又一个引起广泛关注的重要二维功能材料，它所拥有的可调节的能带隙及优异的光电性能，使其有望在未来光电材料的应用领域，如场效应晶体管、超级电容器、光探测材料、锂离子电池阳极材料等成为传统材料的可靠替代材料。纳米层状二硫化钼材料的制备方法从微机械剥离法到锂离子插层法、水热法以及 CVD 法不一而足。然而，这些制备方法对于实现产业化应用仍有相当大的距离，主要是伴随制备过程的高成本、复杂操作以及晶型转变等问题。

本章开发了一种新型的氧化插层–还原辅助剥离法，成功合成了剥离的纳米层状二硫化钼材料。制备分为两部分：一部分为插层，采用水热法通过氧化剂插层使得二硫化钼片层边缘插入含氧基团，增大层间距，减弱其范德瓦耳斯力，利用水热反应高温阶段的热膨胀效应实现二硫化钼的初次剥离；另一部分为还原剥离，将插层二硫化钼与有机碳源混合制成胶状物，放入管式炉中反应，插层的二硫化钼在瞬间高温下发生热膨胀，同时还原反应产生大量二氧化碳气体，促进片层进一步膨胀，从而实现片层剥离。其具体实验方法及结果讨论如下。

3.1　氧化材料制备方法

实验主要采用氧化插层–还原辅助剥离法（插层–还原法）制备纳米层状二硫化钼，反应流程图如图 3.1 所示。首先，将块体二硫化钼进行插层反应，具体步骤如下：将二硫化钼粉末与硝酸钠以 5∶3 的比例混合，将混合物加入质量体积比为二硫化钼∶浓硫酸 = 1g∶44mL 的浓硫酸中，在冰浴环境下搅拌 2h 进行预插层，保证温度在 0～5℃。然后缓慢加入高锰酸钾，高锰酸钾与二硫化钼粉末的比例为 3∶1。保持水浴温度在 10～15℃，水浴反应 30min，待高锰酸钾完全溶解并且溶液均匀时提升温度至 35℃进行中温反应，30min 后继续提升温度至 90℃，其间缓慢加入温热的去离子水约 300mL，反应 15min，搅拌时加入适量 H_2O_2 直至反应不再产生气泡。将反应液进行真空抽滤，用稀盐酸反复清洗滤饼，再用温热的去离子水反复清洗滤饼，直至产物的 pH 值到达中性为止。将所得粉末放入真空干燥箱，在 60℃下干燥 12h，即得到一定程度剥离的插层 MoS₂ 粉末。

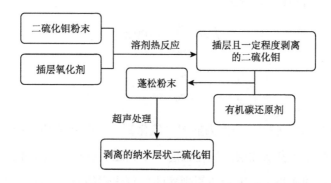

图 3.1　插层–还原法制备纳米层状二硫化钼的流程图

然后进行还原剥离反应。取得到的插层二硫化钼粉末与葡萄糖以 1.5∶1 进行混合，用适量的去离子水润湿混合粉末，使得粉末混合均匀成糊状。将混合物放入干燥箱脱水，待脱水完成后，放入烧舟中铺展，将烧舟放置在管式炉中，持续通入氩气，在 660℃下进行炉热反应，保温 5min。保温期间可以观察到有大量气体排出管口，待气体全部排出，随炉降温至室温，取出蓬松粉末产物，超声处理 60min，然后以 8000r/min 的速率离心 5min 后，从清液中取得剥离的二维层状二硫化钼。

3.2　插层–还原法的工艺优化

为能够通过新的插层＋还原方法制备出稳定的大规模的二维层状二硫化钼，对插层–还原工艺参数进行了优化。本研究所涉及的二维层状二硫化钼的制备方法包括插层反应和还原剥离反应两部分，以下分别对其进行讨论。

3.2.1 氧化插层反应的产率分析

本节研究了插层反应温度、插层反应时间、插层反应原料配比以及加水方式等多种条件对插层效率的影响规律，以确定插层反应的最佳工艺。评估插层反应的最优条件时应该将考核插层反应中插层粉末产率作为确定最优条件的评判依据。

产率满足下面的计算公式：

$$Y_i = \frac{m_i}{m_{MoS_2}} \times 100\% \qquad\qquad (3.1)$$

$$Y_r = \frac{m_r}{m_i} \times 100\% \qquad\qquad (3.2)$$

其中，式（3.1）和式（3.2）分别为插层二硫化钼产率公式和还原剥离二硫化钼产率公式。Y_i、Y_r 分别表示插层二硫化钼的产率和还原剥离二硫化钼的产率，m_i 表示插层二硫化钼的质量，m_r 表示还原剥离的二硫化钼的质量，m_{MoS_2} 表示原料二硫化钼的质量。

1. 插层反应温度对插层二硫化钼产率的影响

二硫化钼的插层反应以温度界定主要分为三个阶段，即低温阶段、中温阶段和高温阶段。在整个插层反应的其他步骤不变的情况下，设置成梯度的温度区间，分别考察三个温度阶段中各温度对插层二硫化钼产率的影响，以插层产物的质量测定来确定插层的最优温度。低温阶段的考察温度分别为：0℃（冰浴）、10℃、15℃、20℃。中温阶段的考察温度分别为：25℃、30℃、35℃、40℃。高温阶段的考察温度分别为：80℃、90℃、100℃、110℃。图 3.2 为各反应阶段中反应温度对插层二硫化钼产率的影响。

低温反应阶段主要是将二硫化钼粉末与强氧化剂浓硫酸、硝酸钠混合，在磁力搅拌器不断地搅拌中使得二硫化钼与强氧化剂均匀混合，不仅混合均匀，还能实现一定程度的预插层。图 3.2(a)表示低温反应阶段插层反应温度对插层二硫化钼产率的影响。可以看出，随着低温反应温度的升高，插层二硫化钼产率呈

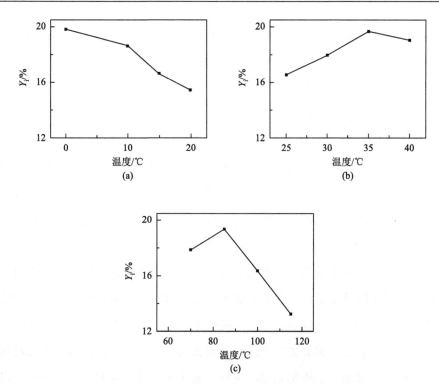

图 3.2　插层反应温度对插层二硫化钼产率的影响
（a）低温反应阶段；（b）中温反应阶段；（c）高温反应阶段

现逐渐降低的趋势，在 0℃时产率出现峰值。分析出现这种现象的原因是：低温阶段的温度过高不利于插层反应的充分进行，由于插层反应不充分导致后续反应中插层的二硫化钼产率较低。必须说明的是，低温反应结束后需要连续多次地逐渐加入另一种氧化剂高锰酸钾促进插层反应进一步进行。在加入高锰酸钾的过程中，由于强氧化剂反应剧烈，体系会迅速升温。如果在加入高锰酸钾之前体系温度已经很高，那么加入高锰酸钾后由于体系瞬间大量放热，会出现"过烧现象"，即氧化剂可能喷射，造成一定程度的样品和氧化剂的损失，从而影响插层过程的进行且还伴随一定的危险性。因此，低温阶段保持较低的插层反应温度，一方面可以促进插层反应的进行，另一方面可以保证高锰酸钾加入后体系保持适当的温度而不至于"过烧"，从而使整个插层过程更加稳定、安全。

　　中温反应阶段主要是低温插层阶段的延续，为了让加入的高锰酸钾与整个体系充分反应，使得二硫化钼粉末得到充分的插层。图 3.2(b)反映的是中温阶段反应温度与插层二硫化钼产率之间的关系。可以看出，随着反应温度的升高，插层二硫化钼产率增大，在 35℃左右产率到达峰值，随着反应温度的进一步升高，产率开始减小，总体变化不大。

在低温、中温反应阶段，氧化剂与二硫化钼粉末充分混合，并在二硫化钼片层边缘插入了含氧的官能团，高温反应阶段片层受热膨胀使得强氧化剂可以进一步将含氧官能团插入片层靠内部区域甚至是中心区域，促成片层间距的进一步扩大，甚至一部分二硫化钼片层已经实现剥离。图 3.2(c)显示的是高温反应阶段各温度下获得的插层二硫化钼的产率。可以看出，在高温反应阶段，随着反应温度的升高，插层二硫化钼产率呈现先增大后减小的趋势，且在 90℃左右达到最大值。分析这种现象产生的原因是：温度较低时，二硫化钼片层的热膨胀效果不明显，所以深度插层反应难以进行，含氧官能团的插入仅限于二硫化钼片层边缘区域。而温度较高时，浓硫酸可能溶解部分二硫化钼，造成产率下降。值得一提的是，高温反应过程中会加入部分去离子水，随着去离子水的加入，浓硫酸大量发热，体系心部反应温度远大于外部温度，促使二硫化钼溶解，因此调节整体反应温度处于适宜的值是保证插层二硫化钼产率的关键。

2. 插层反应时间对插层二硫化钼产率的影响

除了插层反应温度，各阶段的反应时间也是考察的重点，其对插层 MoS_2 的产率也有一定的影响。因此，在确定的三个阶段的最优反应温度下，设置不同的反应时间来考察各阶段反应时间对插层效率的影响。

低温反应阶段的反应时间设置为 60min、90min、120min 以及 150min。中温反应阶段的反应时间设置为 10min、20min、30min 和 40min。高温反应阶段的反应时间设置为 5min、10min、15min、20min。

图 3.3(a)为低温反应阶段的反应时间与插层二硫化钼产率的关系。低温反应温度确定的情况下，可以看出，随着反应时间的增加，插层二硫化钼产率出现先增加后减小的变化趋势，在 120min 时出现最大值，继续增加低温反应时间，产率变化不明显，这说明低温反应 120min 可以使得低温插层反应充分进行。图 3.3(b)为中温反应阶段，可以看出，随着中温反应时间的增加，产率略有增加，

在 30min 左右产率到达峰值；随着时间的进一步增加，产率略有降低，但变化不大。说明相对长的中温反应时间可以促进高锰酸钾的氧化活性，促进进一步的插层，但是过长的中温反应时间对提升产率的作用不大。图 3.3(c)为高温反应阶段反应时间与插层二硫化钼产率的关系。可以发现，随着高温反应时间的增加，产率先迅速增加，在 10min 左右产率到达峰值，而后平缓降低。这说明高温的插层过程和一部分片层分离需要一定的时间，但其反应时间比较短暂。随着高温反应时间的进一步加长，样品容易被高温浓硫酸溶解，所以产率会有所降低。

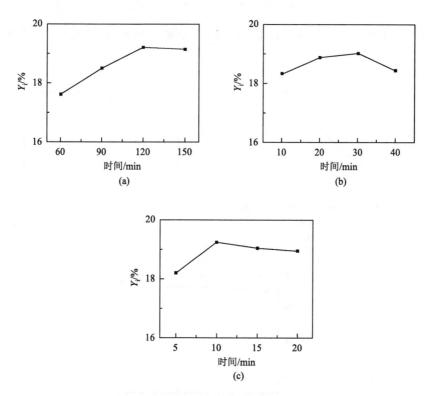

图 3.3　反应时间对插层二硫化钼产率的影响

（a）低温反应阶段；（b）中温反应阶段；（c）高温反应阶段

3. 插层原料配比对插层二硫化钼产率的影响

除了各反应阶段的温度和反应时间外，参与插层反应的各氧化剂与二硫化钼粉末的配比也对插层产率有一定影响。这里以 5g 二硫化钼原料粉末为基准,分别考察了三种氧化剂的添加量。

浓硫酸添加量分别为 40mL、80mL、120mL 和 160mL。高锰酸钾添加量分别为 5g、10g、15g 和 20g。硝酸钠添加量分别为 1.5g、3.0g、4.5g 和 6.0g。图 3.4 为插层反应中氧化剂的量对插层二硫化钼产率的影响。图 3.4(a)为浓硫酸的添加量对插层二硫化钼产率的影响。可以看出,随着浓硫酸量的增加,插层二硫化钼的产率不断增加,在 120mL 左右产率出现峰值,再加入更多的浓硫酸产率基本不再发生变化,这说明对于限定质量的二硫化钼,插层反应中所需浓硫酸的量是一定的。多加入的浓硫酸不但不会起到帮助插层的作用,可能还会因为在高温反应中的放热作用使体系心部温度过高,溶解二硫化钼,降低产率。图 3.4(b)

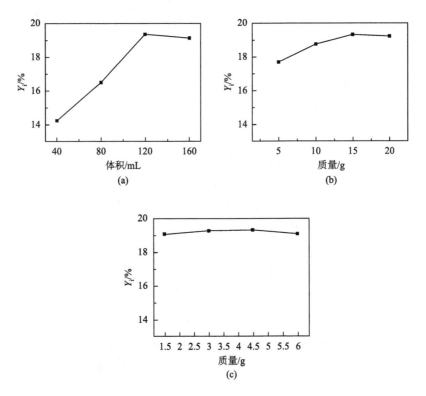

图 3.4　插层反应中氧化剂的量对插层二硫化钼产率的影响

(a) 浓硫酸的添加量的影响;(b) 高锰酸钾的添加量的影响;(c) 硝酸钠的添加量的影响

为高锰酸钾的添加量对插层二硫化钼产率的影响。可以看出，随着高锰酸钾质量的增加，插层二硫化钼产率增加，而当高锰酸钾的添加量高于 15g 时，随着高锰酸钾添加量的增加，产率开始不再增加，这说明溶液中的高锰酸钾已经饱和，已经到达最优氧化效果的添加剂量。图 3.4(c)为硝酸钠的添加量与插层二硫化钼产率之间的关系。可以看出，随着硝酸钠的加入，插层二硫化钼的产率略有起伏，但变化不大，在添加量达到 3g 时出现产率的峰值，这说明硝酸钠的主要作用是提供 NO_3^-，增强反应体系的酸性。

图 3.5(a)、(b)分别为原始块体二硫化钼和插层二硫化钼的场发射扫描电镜照片。可以清楚地看出，原始块体二硫化钼呈现片层堆叠结构，厚度很大。图 3.5(b)中，插层二硫化钼仍旧为片层堆叠结构，但是可以看出片层面积变小，同时片层数量略微降低，说明插层反应过程中发生了一定程度的片层剥离。

 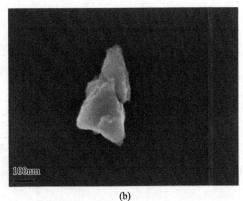

(a)　　　　　　　　　　　　　　　　(b)

图 3.5　场发射扫描电镜照片

（a）原始块体二硫化钼；（b）插层二硫化钼

3.2.2　还原反应中的葡萄糖热差分析的研究

还原剥离实验的关键在于，通过有机碳与插层二硫化钼样品的混合物在高温下瞬时反应产生大量的二氧化碳气体促使片层分离及样品表面氧化基团的还原。为了保证作为有机碳源的糖类物质在还原剥离反应过程中反应完全，同时确保二维层状二硫化钼在生成过程中避免长时间高温反应而使晶粒增大及片层堆叠，首先对葡萄糖、果糖及麦芽糖等常规有机碳源做了差热分析，以归纳确定几种有机碳还原剂的反应特征，热重-差热分析（TG-DTA）的结果如图 3.6 所示。

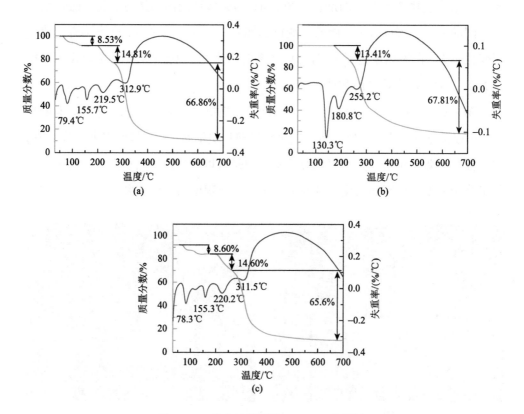

图 3.6　三种有机碳源的 TG-DTA 分析图
（a）葡萄糖；（b）果糖；（c）麦芽糖

图 3.6(a)为葡萄糖在氩气气氛下的 TG-DTA 曲线，从图中我们可以看出，300℃之前 DTA 曲线上有许多小的吸热峰，同时在 TG 曲线上有许多小的失重，这是由于葡萄糖的失水、羟基键或者氢键从主链上断裂所引起的。因为葡萄糖分子中有多个羟基和氢键，因此会有多个吸热峰和失重台阶。在 300℃附近 DTA 曲线上除了有一个明显的吸热峰，同时 TG 曲线上开始出现一个很大的失重台阶。在 200～660℃之间总失重为 81.67%，整个反应过程总失重约为 90.20%。当温度大于 660℃

后，TG 曲线上基本没有明显的失重。葡萄糖热分解后的产物主要是以 C 原子形式存在的原子或分子级活性炭。

从葡萄糖的 TG-DTA 曲线上可以看出，当温度大于 660℃后，葡萄糖的热分解反应也随着失重的停止而逐渐结束。按以上分析，碳热还原反应的温度应大于 200℃，并且到 660℃时失重最大，剩下的产物都为活性碳源，因此反应温度的选择范围应处于 640～700℃之间。

果糖和麦芽糖在氩气气氛下的 TG-DTA 曲线分别如图 3.6(b)和(c)所示，可以得到类似的结论。可以看到，果糖在经过一个明显吸热的过程后于 180℃左右开始充分分解，当温度达到 250℃左右时出现明显的失重台阶，在 680℃左右果糖达到最大分解量，约为 81.22%；对于麦芽糖，在 200℃之前存在多个小而密集的吸热峰，在 200℃后开始出现明显的吸热分解，在 250℃左右出现明显的失重台阶，整个分解反应在 700℃左右达到分解量峰值，整个过程失重约为 88.80%。

考虑到二维层状二硫化钼片层在高温下容易发生堆叠和卷曲，选择还原性有机碳源时原则上要尽可能降低反应温度和反应时长，同时考虑到要制备纯的二维层状二硫化钼，作为还原性物质，有机碳源过多则容易成为产物中的掺杂，给除去杂质带来困难。综合两方面的因素，选取葡萄糖作为本实验中的糖类有机碳源。考虑到既要保证充分反应，又要防止晶粒在高温加热过程中的长大，所以选择反应的保温时间范围应处于 5～20min 之间。

3.2.3　还原剥离反应后的提纯方式研究

确定了插层及还原剥离反应工艺参数后，进行了二维层状二硫化钼的制备实验，得到的样品用 Raman 光谱测试来确定其性质，如图 3.7 所示。

从图 3.7 中可以看出，产物的拉曼峰值除了有二硫化钼的特征峰外，在 1330cm⁻¹及 1580cm⁻¹附近也出现了碳的峰值，说明样品纯度不高，甚至可能生成了碳和二硫化钼的复合材料。图 3.7(a)、(b)及(d)均有这样的现象，图 3.7(c)则不含碳的成分，说明得到的产物中二维层状二硫化钼及其与碳的复合材料同时存在。

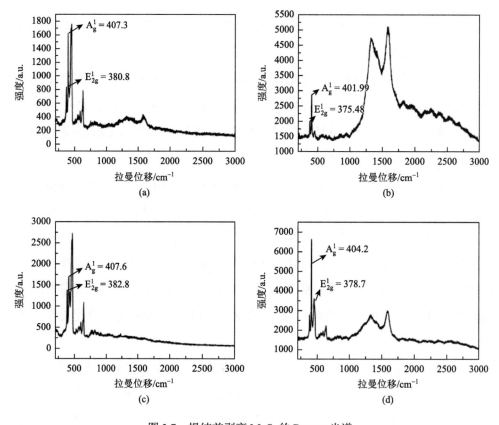

图 3.7　提纯前剥离 MoS$_2$ 的 Raman 光谱

采用场发射扫描电镜对所得材料进行 SEM 检测，以观察样品形貌。图 3.8 为不同放大倍数下产物的 FE-SEM 图像。

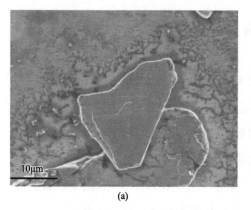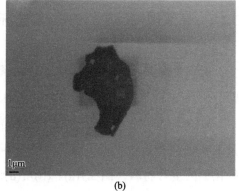

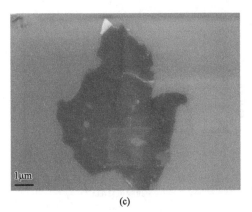
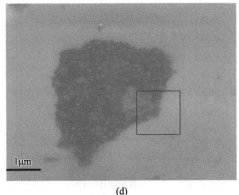

(c)   (d)

图 3.8 提纯前剥离 MoS$_2$ 的 FE-SEM 图像

从图 3.8(a)～(c)可以看到，深色的碳基底上附着沉积了白色的片层二硫化钼材料。图 3.8(d)上可以清晰地看出这种复合结构，其中红色方框圈出的部分为三角形二维层状二硫化钼的白色片层附着在黑色碳基底上。电子显微镜下单层的二硫化钼往往都呈现三角形片层结构，图 3.8(d)表明，所获得产物中含有单层及少层的二硫化钼与碳的复合材料。

为了获得较纯的二维层状二硫化钼，采用超声波振荡及随后的离心处理对所得样品进行进一步的提纯。将制备所得的样品放在装满无水乙醇溶液的烧杯中，将烧杯置于超声波清洗机中超声处理 60min，功率为 100W。待超声处理结束后，将沉淀全部除去，只留下液体部分。将所得的液体置于离心管中，分别在 6000r/min、7000r/min、8000r/min 及 9000r/min 的速率下离心 5min。对每种离心速率下提纯得到的样品随机选择 10 个点进行拉曼表征，得到平均层数，直到所得样品中块体二硫化钼的数量减至最少，样品总体层数稳定时，确定最佳的离心速率。离心后收集液面上漂浮的二维层状二硫化钼，进行拉曼光谱表征，结果如图 3.9 所示。由图 3.9(a)～(d)二硫化钼拉曼结果可知，E$_{2g}^1$ 峰和 A$_g^1$ 峰之差由 26.3cm^{-1} 逐渐降低至 22.9cm^{-1}，说明高离心速率下能够获得更纯的少层二硫化钼材料，且通过图 3.10 的 FE-SEM 图像可知，提纯后的二硫化钼呈现出更薄的片层结构。

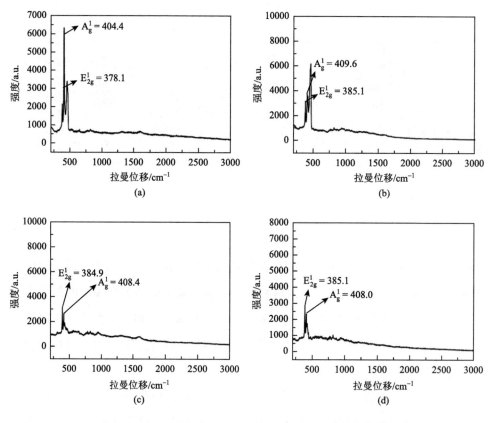

图 3.9　不同离心速率下提纯得到的剥离二硫化钼拉曼图谱

（a）6000r/min；（b）7000r/min；（c）8000r/min；（d）9000r/min

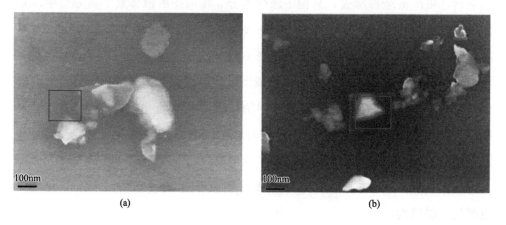

图 3.10　插层-还原法所得 MoS_2 提纯后的 FE-SEM 图像

3.2.4　还原剥离反应的产率分析

将插层反应中得到的插层二硫化钼与葡萄糖均匀混合，用适量去离子水溶解，使混合物呈黏稠胶状，然后放入管式炉中在氩气气氛下进行反应，分别对还原剥离反应实验过程中的反应物配比、反应温度和反应时间进行考察。反应物配比 m（插层二硫化钼）：m（有机碳）分别设置为 2：1、1.5：1、1：1、1：1.5、1：2。反应温度分别设置为 640℃、660℃、680℃和 700℃。还原剥离反应考察时间分别设置为 5min、10min、15min、20min。

对反应后所得的剥离的层状二硫化钼的产率分别进行统计，结果如图 3.11 所示。图 3.11(a)为插层二硫化钼与葡萄糖的质量比对剥离的二硫化钼产率的影响。可以看出，随着还原剂葡萄糖比例的增加，剥离二硫化钼的产率增加，直到插层二硫化钼与葡萄糖比例为 1.5：1 时达到最大值；而进一步增大葡萄糖质量则会导致剥离的二硫化钼产率降低。出现这一现象的原因为：开始时由于还原剂葡萄糖的量不足，难以使所有的二硫化钼得到还原和剥离，所以依然呈现堆叠状态的未剥离二硫化钼在离心提纯的过程中被过滤掉，从而降低了剥离二硫化钼的产率；随着葡萄糖量的增加，反应中得到还原剥离的二硫化钼的量增加，所以最终剥离的二硫化钼产率增加；而当葡萄糖进一步增加的时候，葡萄糖处于过量状态，过量的葡萄糖会导致反应过程中生成的剥离的二硫化钼片层附着在碳基底上形成复合材料，在提纯过程中也会随着过量的碳基底被除去，导致剥离二硫化钼产率下降。

图 3.11(b)为还原剥离反应温度与最终得到的剥离二硫化钼产率的关系，可以发现，在给定的温度范围内，随着温度升高产率略有提升，在 660℃附近达到最大值，当反应温度大于 660℃时，随着温度的进一步升高，产率下降。产生这种现象的原因是，当温度超过一定限度，在生成片层的同时也会发生片层堆叠，从而降低了剥离二硫化钼的产率。

图 3.11(c)为还原剥离反应时间与剥离二硫化钼产率的关系。可以看出，当反应时间达到 5min 时，产率达到最大值，随着反应时间的进一步增加，产率出现下

降，当反应时间超过 20min 时，产率出现显著降低。这反映出在高温反应过程中还原剥离反应完成所需时间很短，随着反应时间的增加，已剥离的二硫化钼堆叠的概率大大增加，不利于提升剥离二硫化钼的产率。

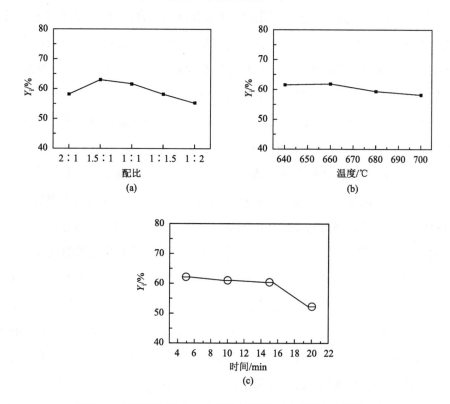

图 3.11　还原剥离反应中各条件对剥离二硫化钼产率的影响

（a）插层二硫化钼与葡萄糖质量比对剥离产率的影响；（b）还原剥离反应温度对剥离二硫化钼产率的影响；（c）还原剥离反应时间对剥离二硫化钼产率的影响

图 3.12(a)为插层二硫化钼的 FE-TEM 图像，从图中可以清楚地观察到块体二硫化钼片层堆叠的形貌。图 3.12(b)为剥离的二维层状二硫化钼的 FE-TEM 图像，可以清楚地分辨出单层、二层及三层样品的形貌，剥离二硫化钼表面轻微的皱褶是转移过程中轻微的挤压造成的。图 3.12(c)为剥离的二维层状二硫化钼的高分辨图像，插图为选区电子衍射图像，由高分辨图像的莫尔条纹可以判定所制备的样品为二硫化钼。选区电子衍射图像表明剥离的二维层状二硫化钼样品为单晶结构。

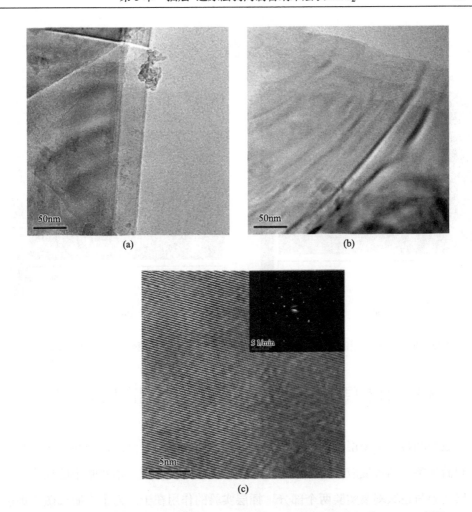

图 3.12　插层二硫化钼的 FE-TEM 图像（a）、剥离的二维层状二硫化钼的 FE-TEM 图像（b）和剥离的二维层状二硫化钼的高分辨图像及选区电子衍射图像（插图）（c）

　　图 3.13(a)、(b)分别为插层二硫化钼和剥离的二维层状二硫化钼的 AFM 图像。从 AFM 图像可以判定薄膜样品的高度，从而对应制备样品的层数。单层二硫化钼的厚度约为 0.65nm，但是由于二维层状二硫化钼在空气中容易吸附氧气或产生轻微皱褶，一般在 AFM 测试中二硫化钼单层样品对应于 1nm 左右的厚度。从图 3.13(b)上插层二硫化钼的 AFM 图像厚度可以看出，插层反应过程中二硫化钼发生了一定的片层剥离，但依然处于堆叠状态。由图 3.13(b)中选取的两个阶梯读数可以看出，其样品厚度介于 1.8～2.2nm 之间，对应于二层的二硫化钼。

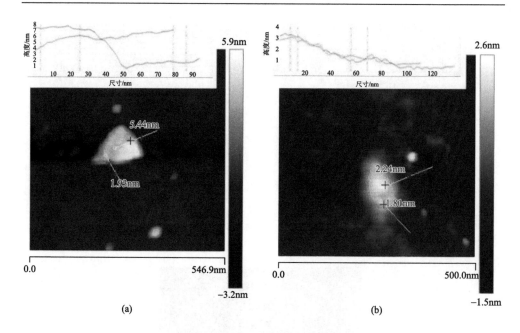

图 3.13　插层二硫化钼的 AFM 图像（a）及剥离的二维层状二硫化钼的 AFM 图像（b）

3.3　纳米层状 MoS_2 材料插层-还原剥离机理研究

　　成功制备出了少层的纳米层状二硫化钼材料后，本研究通过一系列实验来表征和验证整个制备反应的过程，深入研究反应的内在机理。本实验中的反应涉及插层实验与还原剥离实验两个部分。插层实验的作用在于：为了克服二硫化钼层与层之间的范德瓦耳斯力实现最终的剥离，通过加入强氧化剂与其发生插层反应，实现含氧基团及羟基从片层外层逐渐插入片层间隙，从而增大层与层之间的距离，实现初步的片层剥离。还原剥离实验的作用在于：通过将糖类物质与插层二硫化钼均匀混合，在管式炉中还原时通过有机碳与含氧基团的结合产生大量二氧化碳气体，既可以起到去除插层基团的作用，加热时瞬间产生的气体还可以促使二硫化钼片层之间发生剥离。整个实验过程的机理构想如图 3.14 所示，实验结果证实了这一过程。

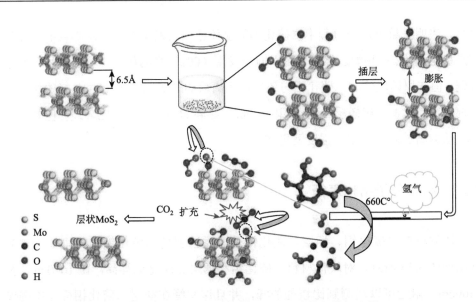

图 3.14　插层–还原法制备纳米层状二硫化钼的机理图

3.3.1　材料物相表征

块体材料二硫化钼、插层二硫化钼及还原法剥离二硫化钼的 XRD 图谱如图 3.15 所示。每一个图谱的特征峰都与 2H 晶型的二硫化钼（JCPDS 37-1492）

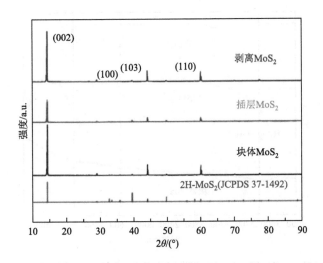

图 3.15　块体材料二硫化钼、插层二硫化钼及还原法剥离二硫化钼的 XRD 图谱

吻合，表明在整个反应过程中二硫化钼的晶体结构未发生改变，所制备的二硫化钼是稳定晶体 2H 晶型。然而，可以明显发现（002）峰的相对强度在三种样品中最弱，但在原始块体的二硫化钼与还原法剥离后的二硫化钼中（002）峰的相对强度都很大。这表明在插层二硫化钼中（002）晶向的晶体结晶度比较差，但是当经还原法剥离过后，其相对强度又再次变大。

3.3.2　材料分子结构表征

块体材料二硫化钼、插层二硫化钼及还原法剥离二硫化钼的傅里叶红外光谱图如图 3.16 所示。对块体材料二硫化钼和插层二硫化钼样品，在 1640cm⁻¹ 及 3400cm⁻¹ 附近可以观测到比较强的峰，并且这些峰在插层二硫化钼样品中强度远大于块体材料二硫化钼。1640cm⁻¹ 附近的峰及 3000～3800cm⁻¹ 范围内的峰分别对应于水分子的振动峰及羟基的振动峰。图 3.16 中的检测结果表明，块体材料二硫化钼样品中含有少量的水，而插层二硫化钼样品中除了含有少量的水外，还存在大量的羟基，证明在插层反应过程中有大量的羟基作为基团插在了二硫化钼表面及层间。此外，在插层的二硫化钼红外图谱中，大约 1100cm⁻¹ 处的峰

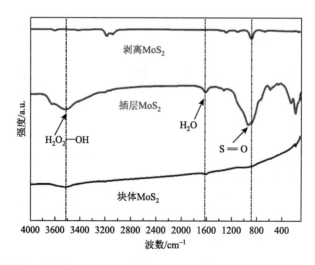

图 3.16　块体材料二硫化钼、插层二硫化钼及还原法剥离二硫化钼的傅里叶红外光谱图

对应的是 S＝O 的振动,这印证了插层反应过程中有大量的含氧基团插在了二硫化钼的表面及层间,说明插层反应成功发生。原始二硫化钼中几乎不存在 S＝O 的峰。同时也可以发现,在剥离的二硫化钼中也有少量的 S＝O 峰,这归因于还原剥离产物中有极少量的二维层状二硫化钼上的含氧基团未被除尽,这个问题可以通过不断地提纯得到解决,从而尽可能确保样品具有较高的纯度。

3.3.3　材料元素与结构表征

插层二硫化钼及还原剥离二维层状二硫化钼的 XPS 图谱如图 3.17 所示。图 3.17(a)为 XPS 全谱图,包含 Mo、S、C 和 O 等元素。高分辨的 Mo 3d$_{3/2}$ 峰及 Mo 3d$_{5/2}$ 峰如图 3.17(b)所示,S 2p$_{1/2}$ 峰和 S 2p$_{3/2}$ 峰如图 3.17(c)所示。图 3.17(b)与(c)的结果表明,二硫化钼的结构在插层反应后及还原法剥离后并未发生改变。图 3.17(d)中插层二硫化钼样品在 532.4eV 处的 O 1s 峰属于 S—OH 键所表现出的峰,这表明我们所制备的插层样品上确实存在含氧基团及羟基等,也就是说,插层反应的过程中实现了基团的插入,层间距因膨胀而增大。在相应的还原样品中,O 1s 峰在 531.4eV 和 530.2eV 处出现峰值,这可以分别被归因于羟基和表面附着的 CO$_2$ 气体。显然,羟基来源于反应生成的水。由于所制备的二维层状二硫化钼是纳米级别的晶体,其表面极易附着生成 CO$_2$ 气体,所以解释了上述表征的

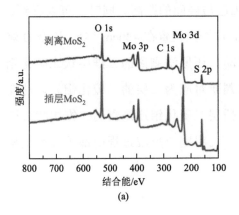

(a)

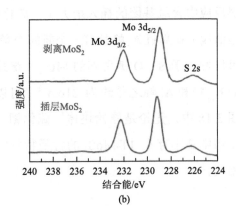

(b)

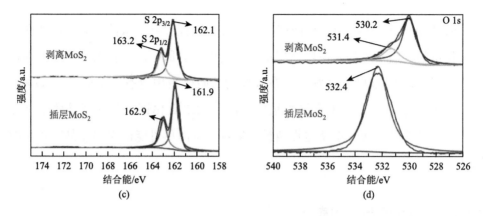

图 3.17　插层二硫化钼及还原剥离二维层状二硫化钼的 XPS 图谱

（a）XPS 全谱图；（b）Mo 3d；（c）S 2p；（d）O 1s

结果。应当注意的是，根据文献所证实，228.2eV 和 231.3eV 处的特征峰可以表征 1T MoS$_2$ 中的 Mo^{4+} 3d$_{5/2}$ 和 3d$_{3/2}$ 特征峰。而图 3.17(d)中插层二硫化钼和剥离二硫化钼的 XPS 谱图中不存在这两个特征峰，表明在整个插层-还原剥离反应的过程中，样品并未发生结构相变。总而言之，XPS 检测的结果表明，实验成功制备出纯度较高且不含杂质的二维层状二硫化钼。

　　块体材料二硫化钼、插层二硫化钼及还原法剥离二硫化钼的拉曼光谱如图 3.18 所示。根据拉曼光谱的特征峰 E$_{2g}^1$ 峰和 A$_g^1$ 峰之差，可以判断二硫化钼的层数。对于块体材料的二硫化钼，其两个特征峰之差约为 25cm^{-1}。可以观察到，在插层的二硫化钼对应的拉曼光谱上 E$_{2g}^1$ 峰和 A$_g^1$ 峰之差稍大于 25cm^{-1}，表明插层反应中含氧基团的插入增大了二硫化钼层与层间的距离。同时，可以看到，该曲线上在靠近 A$_g^1$ 峰处有一个新的 D 峰，该峰的位置在 440cm^{-1} 处，这个 D 峰可以归因于 S—O 键引起的 Mo—S 键振动。还原法剥离的二维层状二硫化钼的 E$_{2g}^1$ 峰和 A$_g^1$ 峰之差约为 21cm^{-1}，可以判断对应为二层的二硫化钼。显然在图 3.18 中，无论是原始块体二硫化钼、插层二硫化钼还是剥离二维层状二硫化钼中都不存在 1T-MoS$_2$ 的拉曼特征峰，说明整个反应过程中都不存在结构相变。

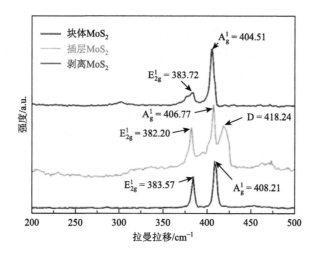

图 3.18　块体材料二硫化钼、插层二硫化钼及还原法剥离二硫化钼的拉曼光谱

3.4　小　　结

本研究设计了一种新型的水热插层-还原法,成功合成了剥离的二维层状二硫化钼材料。研究分为两部分:一部分为插层实验,采用水热法通过氧化剂插层使得二硫化钼片层边缘插入含氧基团,增大层间距,减弱其范德瓦耳斯力,利用水热反应高温阶段的热膨胀效应实现二硫化钼的初次剥离;另一部分为还原剥离实验,通过将插层二硫化钼与有机碳源混合制成胶状物,放入管式炉中反应,插层的二硫化钼在瞬间高温下发生热膨胀,同时还原反应产生大量二氧化碳气体,促使片层进一步膨胀,从而实现片层剥离。

通过对温度、反应时间、氧化剂配比等实验条件的优化,以插层二硫化钼产率为判断依据得到了实验各部分的优化参数。通过对还原剥离反应中的各部分参数进行优化,以剥离二硫化钼的形貌及产率为依据得到了还原剥离反应的优化条件,初步实现了剥离二维层状二硫化钼的可控制备。对实验所得的二维插层二硫化钼纳米片利用 SEM、TEM、拉曼光谱及 AFM 等表征手段进行了分析,证实了二硫化钼成功实现了剥离,并得到了理想的二维层状二硫化钼片层,经过拉曼特征峰的比较发现所得的剥离二硫化钼片层为二层结构。TEM 与 AFM 的观测也佐证了这一结果。

通过对反应过程机理的推理设计出理想反应模型，并通过红外光谱、XRD、X 射线光电子能谱（XPS）、拉曼光谱等测试手段对反应模型进行了验证，基本证实了整个过程中成功发生了插层反应，且在还原剥离实验结束后插层用到的含氧基团被成功除去。同时，拉曼图像、X 射线光电子能谱及红外光谱的表征图像表明，在整个反应过程中二硫化钼没有发生结构相变。本研究对纳米层状的可控制备贡献了新的方法和设计思路。

第4章 纳米层状 MoS₂ 复合材料电催化析氢性能

4.1 引　言

随着能源枯竭和环境污染问题的日益发展，人们迫切需要找到清洁和可持续的能源，用于替代化石能源[73]。由于氢气具有干净、可再生和高能量密度等优势，它被认为是最有前景的化石能源的替代者[74, 75]。电解水可以大规模地生产氢气，这种技术具有能耗低、产品纯度高并且制备过程无污染的优点[76]。然而，关键的问题在于这种方法需要探索一种高效析氢电催化剂，在低的过电位下提供高电流密度，从而降低制氢的成本。目前，最高效的析氢电催化剂是铂基催化剂，其析氢过电位接近零，但是铂元素稀缺且昂贵，导致无法进行大规模的应用。因此，探索并开发丰度高与价格低的高效析氢电催化剂对电解水制氢的实际应用具有重大的意义[77]。在过去几十年里，人们付出了巨大的努力研究出了各种不同的非贵金属析氢电催化剂，尽管目前有一些电催化剂如镍、钴和钼基磷化物具有相对较好的活性和稳定性，但是它们的电催化析氢性能仍然远远低于铂基催化剂的性能[78-80]。因此，当前的研究迫切需要探索一种高效稳定的非金属基 HER 电催化剂。

纳米层状 MoS₂ 由于其丰富的催化位点在电催化领域有着广泛的应用前景，吸引了大量的研究，但其在催化反应过程中易发生卷曲和体积膨胀，因此具有较差的循环稳定性，限制了其直接应用。本研究通过结合插层-爆炸纳米层状 MoS₂ 丰富的边缘和表面催化位点与碳纳米管（CNT）材料的结构稳定性，通过液相分散法制备了纳米层状 MoS₂/CNT 复合材料，并采用 XRD 测试了其物相与晶体结构，采用 TEM 表征了其微观组织及复合状态，采用电化学工作站测试了纳米层状 MoS₂/CNT 复合材料及纳米层状 MoS₂ 材料的催化析氢性能，分析了其催化机理，并通过基于密度泛函理论的第一性原理计算证实了纳米层状 MoS₂/CNT 复合材料优异的电催化析氢性能，验证了其表面缺陷作为催化位点来源的可能性。

4.2　纳米层状 MoS₂/CNT 复合材料与性能测试

4.2.1　纳米层状 MoS₂ 复合材料制备

采用液相分散法制备纳米层状 MoS₂/CNT 复合材料，其中纳米层状 MoS₂ 采用前述插层–爆炸法制备，CNT 采用商业销售 99%纯度多壁 CNT。具体制备方法如下：分别称量一定量插层–爆炸法制备纳米层状 MoS₂ 与 CNT 粉末，按一定质量比例混合置于 50mL N-甲基吡咯烷酮（NMP）溶液中，超声分散 6h；待分散液呈黑色均匀液体后将其抽滤冲洗，抽滤滤纸采用有机系微孔滤膜，分别使用无水乙醇和去离子水清洗多次，清洗过滤后用去离子水将粉末转移至离心管中，使用液氮将粉末悬液冻成冰块，随后置于冷冻干燥箱中进行干燥，干燥后研磨即得到纳米层状 MoS₂/CNT 复合材料粉末。为了研究不同 CNT 含量的复合材料电催化析氢性能，采用相同方法制备 10wt%、30wt%以及 50wt% CNT 添加量的纳米层状 MoS₂/CNT 复合材料，并制备 50wt% CNT 添加量的原始 MoS₂/CNT 复合材料作为对比。

4.2.2　电催化析氢性能测试

复合材料电催化析氢性能由普林斯顿 VersaSTAT 3 型电化学工作站（美国阿美泰克公司）测得。采用 3mm 圆盘玻碳（GCE）用作系统中负载复合材料以及对照组商业 Pt/C 催化剂的工作电极，催化剂负载过程如下：首先将 4mg 所得复合材料或商业 Pt/C 催化剂分散于含有 20μL 全氟磺酸基聚合物（Nafion）的 1mL 乙醇溶液中，超声分散 30min，随后将 5μL 上述分散液滴加在抛光后的干净玻碳电极上，作为工作电极，待其在空气中晾干即可使用。

测试体系使用三电极测试系统，复合材料或者 Pt/C 电极作为工作电极，饱和甘汞电极（SCE）为参比电极，铂片电极为对电极，电解液为 0.5mol·L⁻¹ 的 H₂SO₄ 溶液。测试前采用循环伏安法（CV）测试 50 圈使得系统稳定，测试扫描速度为 100mV·s⁻¹，电压窗口为−0.6～0.2V（vs. SCE）；极化曲线由线性扫描伏安法（LSV）

测得，测试扫描速度为 2mV·s⁻¹，扫描电压窗口为 –0.8～0.2V（vs. SCE）；长时间循环稳定性测试是在循环伏安法、3000 圈循环条件下得到的。最终可逆氢电位由 $E(\text{RHE}) = E(\text{SEC}) + (0.242 + 0.059\text{pH})\text{V}$ 所得，塔菲尔斜率（Tafel slopes）采用 $\eta = b\log j + a$ 所得，其中 η 为过电位，b 为塔菲尔斜率，j 为电流密度。电流密度由所得电流值除以工作电极面积所得，起始过电位由 Tafel 曲线斜率部分的线性区域起始部分确定。

电化学阻抗谱（EIS）测试使用相同的电解池三电极体系，测试频率范围选用 10^5～10^{-1}Hz，电压为 5mV；采用 CV 扫描测试复合材料催化剂的双层电容（C_{dl}），以表征其电化学活性面积（ECSA），测试在 –0.2～0V 电压窗口内进行，扫描速率为 20～200mV·s⁻¹。测试完成后取不同扫描速率下曲线在 –0.15V 电位处的电流密度差绘图，最终所得不同扫描速率下的电流密度图，其斜率即为双层电容容量。

4.2.3　物相与晶体结构表征分析

图 4.1 为纳米层状 MoS₂/CNT 复合材料的 XRD 图谱与 2H-MoS₂ 标准峰（JCPDS#65-1951）对比图，从图中可以看出，不同 CNT 含量的纳米层状 MoS₂

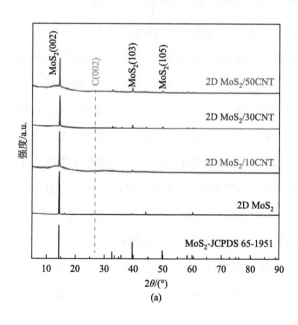

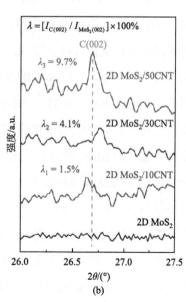

（a）　　　　　　　　　　　　　　（b）

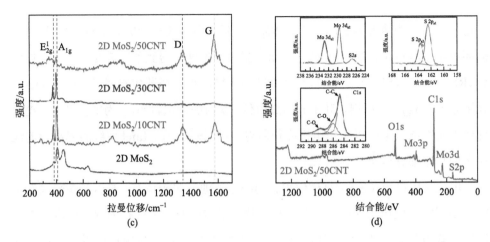

(c)　　　　　　　　　　　　　　　　(d)

图 4.1　纳米层状 MoS₂/CNT 复合材料的 XRD 图谱（a）、（b）、拉曼图谱（c）与 XPS 图谱（d）

复合材料（002）、（100）、（103）、（105）峰均能与 2H-MoS₂ 标准峰对应，说明所制备复合材料中主要含有 MoS₂ 物相，且爆炸及复合处理并没有改变 MoS₂ 六方晶相的晶体结构。

4.2.4　表面形貌分析

图 4.2～图 4.4 为所制备纳米层状 MoS₂/CNT 复合材料与原始 MoS₂/CNT 复合材料 TEM 图与 EDS 面扫描图，其中图 4.2 为纳米层状 MoS₂/10CNT 与纳米层状 MoS₂/30CNT 复合材料、图 4.3 为纳米层状 MoS₂/50CNT 复合材料与原始 MoS₂/50CNT 复合材料、图 4.4 为纳米层状 MoS₂/70CNT 与纳米层状 MoS₂/90CNT 复合材料。从图 4.2(a)、(b)TEM 图可以看出，对于 10wt% CNT 添加量的 MoS₂/CNT 复合材料，大量黑色团聚物堆积在 CNT 表面，结合图 4.2(c)高分辨图可知，该团聚物为层状的 MoS₂ 纳米片，由于 MoS₂ 纳米片含量相比于 CNT 较高（CNT 只占 10wt%），因此大量 MoS₂ 纳米片附着在 CNT 外壁，造成团聚；从图 4.2(d) EDS 面扫描图也可以看出 Mo（粉色）与 S（绿色）元素分布在 CNT 表面（红色表示 C 元素），且浓度较大，同样证明 MoS₂ 纳米片团聚在 CNT 材料表面。

当 CNT 材料含量升高为 30wt% 时，聚集在 CNT 外壁的黑色团聚物有所减少（如图 4.2(e)～(g)的 TEM 图像所示），说明 MoS₂ 纳米片在 CNT 表面的团聚较少，从图 4.2(h) 的 EDS 能谱面扫描图同样可以看出，Mo 与 S 元素在 CNT 表面的分布明显稀疏，说明 CNT 材料含量的增大减轻了 MoS₂ 纳米片在其表面的团聚。

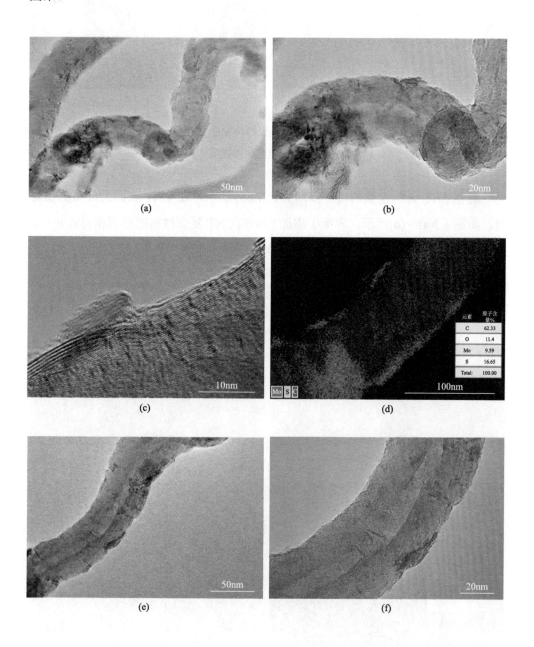

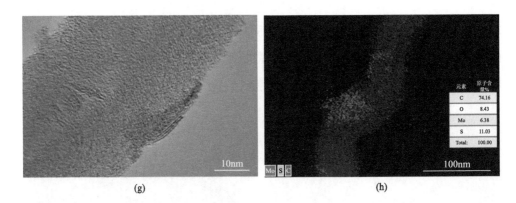

（g）　　　　　　　　　　　　　　　（h）

图 4.2　纳米层状 MoS_2/10CNT（a）～（d）与纳米层状 MoS_2/30CNT 复合材料（e）～（h）TEM
图与 EDS 能谱面扫描图

　　随着 CNT 材料含量的进一步增大，MoS_2 纳米片在 CNT 表面的分布更加均匀，如图 4.3(a)～(d)所示，表征了添加 50wt% CNT 复合材料的形貌和元素分布，从图 4.3(a)～(c)可以看出，MoS_2 纳米片均匀分布在 CNT 外壁，贴合较为紧密，

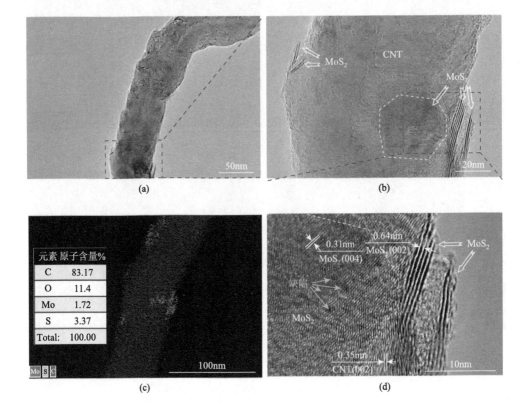

（a）　　　　　　　　　　　　　　　（b）

（c）　　　　　　　　　　　　　　　（d）

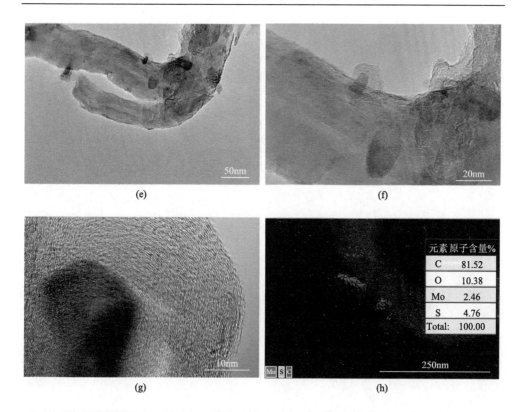

图 4.3　纳米层状 MoS$_2$/50CNT 复合材料（a）～（d）与原始 MoS$_2$/50CNT 复合材料（e）～（h）TEM 图与 EDS 能谱面扫描图

未出现大量团聚现象，且层数较少，为 2～5 层，且从图 4.3(d)同样可以看出，Mo 与 S 元素在 CNT 表面分布较为均匀，说明片层状的 MoS$_2$ 能够负载于 CNT 材料表面，形成紧密的纳米复合材料。

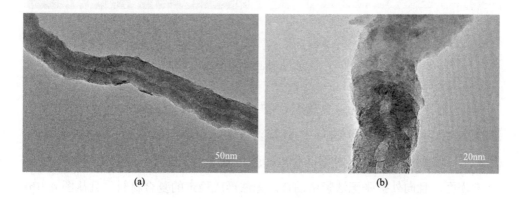

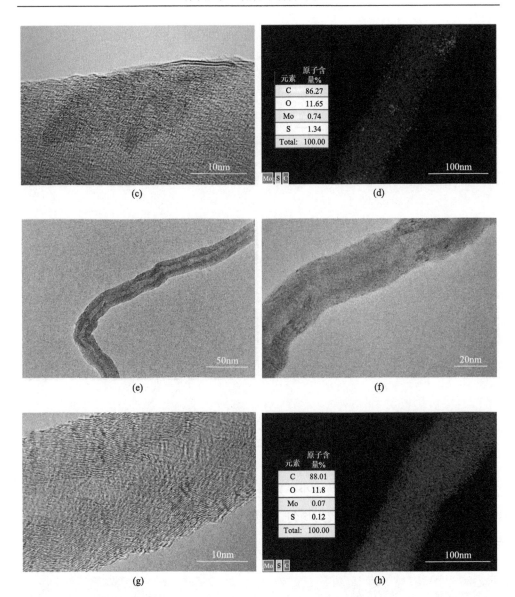

图 4.4　纳米层状 MoS_2/70CNT 复合材料（a）～（d）与纳米层状 MoS_2/90CNT 复合材料
（e）～（h）TEM 图与 EDS 能谱面扫描图

　　作为对比，对原始 MoS_2 负载于 CNT 表面形成的复合材料（50wt% CNT 添加
量的 MoS_2/CNT 复合材料）进行 TEM 形貌与 EDS 能谱面扫描表征，如图 4.3(e)～
(h)所示。从图 4.3(e)～(g)中可以看出，颜色较深的黑色块状 MoS_2 材料堆积在
CNT 表面，且向外扩张无法紧密贴合，无法形成稳定的复合材料；且从图 4.3(h)

EDS 能谱面扫描图也可以看出，颜色较易区分的绿色 S 元素聚集在一起，且在其他地方分散较少，同样验证了块体 MoS$_2$ 材料在 CNT 表面的堆积。

对于 70wt%～90wt% CNT 添加量的 MoS$_2$/CNT，MoS$_2$ 含量较低，CNT 表面附着的 MoS$_2$ 逐渐减少，到 90wt%时基本没有 MoS$_2$ 附着（图 4.4）。可以合理地预测，附着在 CNT 上的 MoS$_2$ 纳米片催化活性物质的进一步减少（小于 50wt.%时）将降低 HER 性能。此外，Mo 和 S 的原子比与 MoS$_2$ 的化学计量一致，并且 C 的量随着添加更多的 CNT 而增加，这可以从图 4.2～图 4.4 中的元素含量表中看出，也证实了纳米层状 MoS$_2$/CNT 复合材料的成功制备。

4.2.5　复合材料电催化析氢性能研究

纳米层状 MoS$_2$/CNT 复合材料催化剂的电催化析氢性能在室温下 0.5M H$_2$SO$_4$ 溶液中进行测试，作为对比，测试了原始 MoS$_2$ 材料、插层 MoS$_2$ 材料、原始 MoS$_2$/ 50CNT 复合材料、插层–爆炸 MoS$_2$ 材料以及 10wt%、30wt%、50wt%、70wt%、90wt%CNT 含量的纳米层状 MoS$_2$/CNT 复合材料（MoS$_2$/10CNT、MoS$_2$/30CNT、MoS$_2$/50CNT、MoS$_2$/70CNT 以及 MoS$_2$/90CNT）的电催化析氢性能，结果如图 4.5、图 4.6 和表 4.1 所示。从图 4.5(a)和表 4.1 可以看出，未涂敷催化剂材料的玻碳电极基本无催化活性，且商业 Pt/C 的催化性能与文献中报道的类似[81, 82]，表现出最高的 HER 活性，起始过电位接近于 0V；对于纳米层状 MoS$_2$/50CNT 复合材料，随着附加在工作电极上电压的增大，复合催化剂的响应电流快速上升，其初始析氢过电位仅为 10mV，极化至–10mA·cm^{-2} 电流密度时，其催化过电位最低，为 –79mV，性能接近于 Pt/C 材料的 58mV；在 10000 次极化循环后还能保持极高的催化活性，过电位为–93mV（图 4.5(b)），且 12h 恒电压测试的电流–时间（i-t）曲线同样显示其有较好的稳定性；原始 MoS$_2$/CNT 复合材料、插层–爆炸 MoS$_2$ 材料（2D MoS$_2$）、插层 MoS$_2$ 材料与原始 MoS$_2$ 材料在–10mA·cm^{-2} 电流密度下过电位分别为–112mV、–194mV、–468mV 与–311mV（图 4.5(a)、图 4.6(a)），而 CNT 材料在–10mA·cm^{-2} 电流密度下的过电位为–608mV（图 4.5(a)），说明 CNT 材料的复合能有效提高 MoS$_2$ 材料的电催化析氢性能，并且能够保持性能稳定。

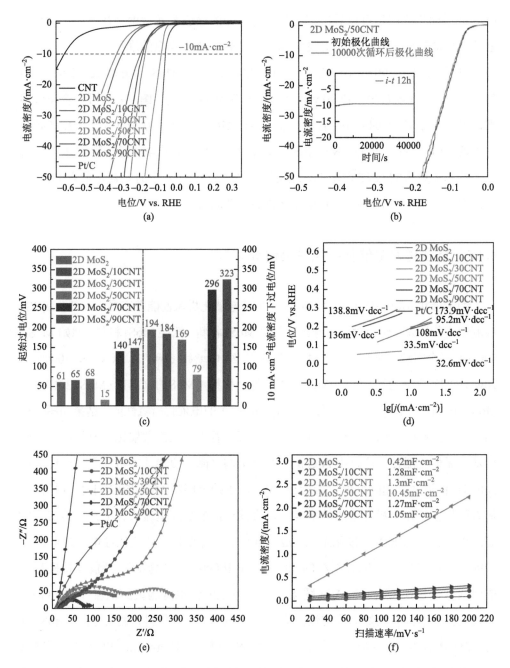

图 4.5 纳米层状 MoS$_2$ 及纳米层状 MoS$_2$/CNT 复合材料 LSV 极化曲线（a）、10000 次循环后极化曲线与 i-t 曲线（b）、催化初始电位和过电位数据直方图（c）、Tafel 曲线（d）、电化学阻抗谱（e）及 ECSA 电化学活性面积图（Cdl 曲线）（f）

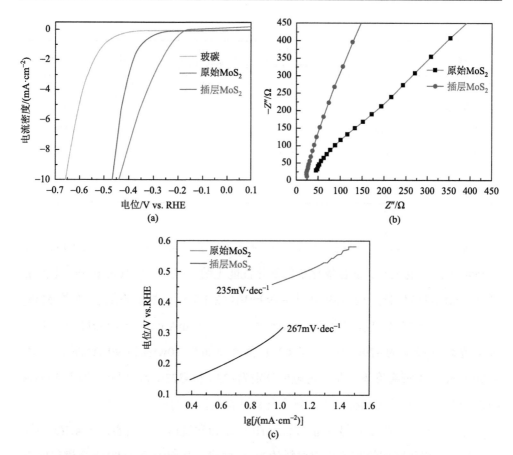

图 4.6　原始 MoS₂ 与插层 MoS₂ 材料的 LSV 极化曲线（a）、EIS 电化学阻抗谱（b）和
Tafel 曲线（c）

表 4.1　MoS₂/CNT 纳米复合材料电催化性能指标

样品	起始电位/mV	过电位 ($j = 10\mathrm{mA \cdot cm^{-2}}$) /mV	Tafel /($\mathrm{mV \cdot dec^{-1}}$)	R_{ct}/Ω	$C_{dl}/(\mathrm{mF \cdot cm^{-2}})$
Pt/C	0	58	35.8	63.3	/
插层-爆炸 MoS₂/50CNT	10	77	32.2	125.1	10.45
插层-爆炸 MoS₂/30CNT	68	199	94.1	194	/
插层-爆炸 MoS₂/10CNT	65	189	111.8	221	/
插层-爆炸 MoS₂/70CNT	140	296	136	369	1.27
插层-爆炸 MoS₂/90CNT	147	323	138.8	432	1.05

续表

样品	起始电位/mV	过电位 $(j = 10\text{mA·cm}^{-2})$ /mV	Tafel /(mV·dec^{-1})	R_{ct}/Ω	$C_{dl}/(\text{mF·cm}^{-2})$
原始 MoS$_2$/CNT	15	112	105.4	144.7	1.34
插层-爆炸 MoS$_2$	31	194	173.9	205	0.42
原始 MoS$_2$	153	441	267	3564	0.089
插层 MoS$_2$	230	468	235	179400	/
CNT	226	608	/	/	/
GCE	370	660	/	/	/

对于不同 CNT 加入量的纳米层状 MoS$_2$/CNT 复合材料，当加入 10wt%与 30wt%的 CNT 材料后，复合催化剂的催化性能无明显提升，在 10mA·cm^{-2} 电流密度下，催化过电位分别为−189mV 与−199mV（图 4.6(a)），性能与插层-爆炸 MoS$_2$ 材料相近；当 CNT 含量增加至 50wt%时，其在−10mA·cm^{-2} 电流密度下，催化过电位达到最优的−79mV；而当 CNT 含量增加至 70wt%和 90wt%时，其在 −10mA·cm^{-2} 电流密度下，催化过电位分别为−296 和−323mV，因此，加入 50wt% CNT 材料的纳米层状 MoS$_2$/CNT 复合材料具有最优异的电催化活性。

为了进一步分析复合材料催化剂的 HER 动力学过程，我们通过图 4.5(a)中极化曲线的强极化区域得到了相应材料的 Tafel 曲线，从而根据 Tafel 斜率遵循的方程（$\eta = b \log j + a$）计算出 Tafel 斜率，结果如图 4.5(d)与表 4.1 所示。从结果可以看出，纳米层状 MoS$_2$/50CNT 复合材料的 Tafel 斜率为 33.5mV·dec^{-1}，优于 Pt/C 材料的 32.6mV·dec^{-1}，此外原始 MoS$_2$/50CNT 复合材料、插层-爆炸 MoS$_2$ 材料、插层 MoS$_2$ 材料以及原始 MoS$_2$ 材料的 Tafel 斜率分别为 105.4mV·dec^{-1}、173.9mV·dec^{-1}、235mV·dec^{-1} 和 267mV·dec^{-1}，表明纳米层状 MoS$_2$/50CNT 复合材料具有极优的催化动力学特性。而对于添加 10wt%、30wt%、70wt%以及 90wt% CNT 材料的复合催化剂 Tafel 斜率分别为 111.8mV·dec^{-1}、94.1mV·dec^{-1}、136mV·dec^{-1} 和 138.8mV·dec^{-1}，远高于纳米层状 MoS$_2$/50CNT 复合材料，其结果与线性扫描结果相对应，表明 10wt%、30wt%、70wt%以及 90wt% CNT 材料的添加不会显著提高纳米层状 MoS$_2$ 材料的催化活性。

Tafel 斜率是电催化析氢过程中的一个重要指示。一般来说，酸性条件下，电催化析氢一般经历三个过程[86]，即

（1）Volmer（电化学吸附步骤）：$H_3O^+ + e^- + M \longrightarrow H_{ad} + H_2O$。

（2）Heyrovsky（电化学解吸步骤）：$H_{ad} + H_3O^+ + e^- \Longrightarrow M + H_2\uparrow + H_2O$。

（3）Tafel（复合脱附步骤）：$2H_{ad} \longrightarrow H_2\uparrow + 2M$。

其中 M 表示氢吸附活性位点，H_{ad} 代表吸附在活性位点上的 H 原子。Volmer、Heyrovsky 和 Tafel 步骤对应的 Tafel 斜率分别为 120mV·dec^{-1}、40mV·dec^{-1}、30mV·dec^{-1}。纳米层状 MoS$_2$/50CNT 复合材料的 Tafel 斜率为 32.2mV·dec^{-1}，与商业 Pt/C 催化剂材料接近，位于 30～40mV·dec^{-1} 之间，表明纳米层状 MoS$_2$/CNT 复合材料的 HER 过程遵循 Volmer-Heyrovsky 与 Volmer-Tafel 反应机理，同时存在电化学解吸步骤与复合脱附步骤，反应速率较快；而其他材料的 HER 过程均仅遵循 Volmer-Heyrovsky 反应过程，即脱附时仅发生电化学解吸步骤，过程较为缓慢。

为了研究复合材料的电荷转移能力，采用电化学交流阻抗（EIS）测试对催化剂的催化动力学进行研究。如图 4.5(e)所示，纳米层状 MoS$_2$/50CNT 复合材料具有较低的电化学阻抗和最高的电子传输能力，其阻抗谱出现高频和低频两个半圆弧，一般低频的半圆弧与催化剂表面的动力学反应相对应，半圆的直径越小其催化反应动力学越快，通过如图 4.5(e)所示的奈奎斯特图，采用双模等效电路对催化剂表面的电荷转移电阻（R_{ct}）进行了模拟计算，计算得到纳米层状 MoS$_2$/50CNT 复合材料的 R_{ct} 为 125.1Ω，而原始 MoS$_2$/CNT 复合材料、插层-爆炸 MoS$_2$ 材料、插层 MoS$_2$ 材料以及原始 MoS$_2$ 材料的电荷转移电阻 R_{ct} 分别为 144.7Ω、205Ω、3564Ω、179400Ω，表明 50wt% CNT 添加的纳米层状 MoS$_2$/CNT 复合材料催化电极具有较高的 HER 活性与较低的表面传递电阻。

对于不同 CNT 添加量的纳米层状 MoS$_2$/CNT 复合材料，如图 4.5(e)所示，当加入 10wt%、30wt%、70wt% 以及 90wt% CNT 材料后，复合材料的电荷转移电阻 R_{ct} 大小无明显降低，分别为 228Ω、190Ω、369Ω、432Ω，与未添加 CNT 的纳米层状 MoS$_2$ 相近或有很大升高，说明 110wt%、30wt%、70wt% 以及 90wt% CNT 材料的添加亦不会提高纳米层状 MoS$_2$ 材料的电荷转移能力。

电化学活性面积（ECSA）是评估电催化剂性能的重要指标，为了进一步评价复合材料的电催化活性，在–0.2～0V 电压范围内，改变扫描速度进行 CV 扫描（20～200mV·s^{-1}），对纳米层状 MoS$_2$/50CNT 复合材料的电化学活性面积进行了评估（图 4.5(f)和图 4.7），同时测试原始 MoS$_2$ 材料、插层–爆炸所得纳米层状 MoS$_2$ 材料、原始 MoS$_2$/50CNT 复合材料以及不同 CNT 添加量的 MoS$_2$/CNT 复合材料的电化学活性面积。最终通过计算得到纳米层状 MoS$_2$/50CNT 复合材料的双电层容最大为 10.45mF·cm^{-2}，交换电流密度为 0.25mA·cm^{-1}，而原始 MoS$_2$、纳米层状 MoS$_2$ 材料、原始 MoS$_2$/50CNT 复合材料以及加入 10wt%、30wt%、70wt%、90wt% CNT 复合材料的电化学活性面积分别为 0.089mF·cm^{-2}、0.42mF·cm^{-2}、1.34mF·cm^{-2}、1.28mF·cm^{-2}、1.3mF·cm^{-2}、1.27mF·cm^{-2} 及 1.05mF·cm^{-2}，结果

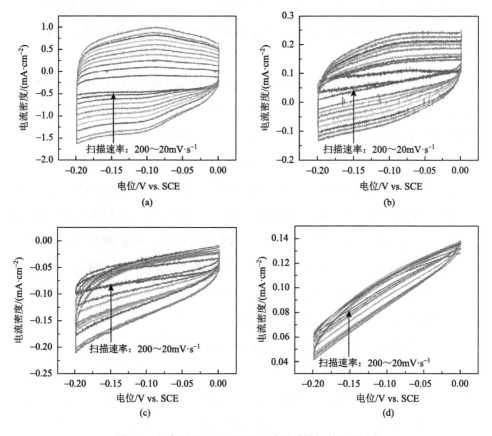

图 4.7　纳米层状 MoS$_2$/50CNT 复合材料电极 CV 图

表明纳米层状 MoS₂/50CNT 复合材料具有最大的电化学活性面积以及交换流密度，这是由于复合催化剂本身具有大的比表面积以及 MoS₂与 CNT 之间产生强烈的协同作用，使得材料暴露出更多的催化位点，表现出优异的电催化析氢性能。

4.3　氢吸附自由能

4.3.1　纳米层状 MoS₂/CNT 复合材料 HER 第一性原理计算

大量研究表明，无论催化剂面 HER 反应遵循的是 Volmer-Heyrovsky 还是 Volmer-Tafel 机理，第一步 Volmer 反应中 H 原子在催化剂表面吸附是整个反应的决策步[83]。根据 Sabatier 法则[84]，催化剂的活性与参与反应中间体（reaction intermediate）在催化剂表面的吸附强度有关。如果太弱，很难将中间体捕获并加以活化；吸附太强，中间体则难从催化剂表面脱附，造成催化剂中毒。早在 1958 年，Parsons 就提出当 H 原子在催化剂表面的吸附自由能 ΔG_{H^*}接近于 0 时，催化剂性能达到最佳[85]。2005 年，Nørskov 等结合实验和理论计算，探究发现了著名的"火山曲线"（图 4.8），即当催化剂表面 ΔG_{H^*}接近于 0 时，析氢反应发生时产生的单位面电流密度最强，进一步证明了 ΔG_{H^*}作为催化剂 HER 性能的可靠性[86]。

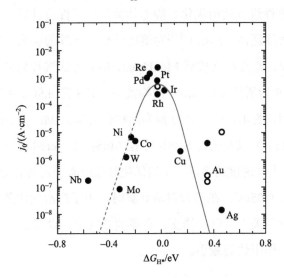

图 4.8　催化剂表面对 H 原子的吸附自由能 ΔG_{H^*}与 HER 反应时所产生的单位交换面电流密度之间的关系[89]

4.3.2　模型构建与计算方法

基于密度泛函理论（DFT）的计算过程为首先采用模拟软件建构原子三维模型，再通过 DFT 计算声子谱并进行分子动力学模拟，确定体系结构的稳定性，最后计算稳定结构的具体相关性质，如电子及能带性质、氢吸附自由能等特性[87]。

本研究采用 VASP 计算软件[88, 89]，其全称为"维也纳从头计算软件包"（Vienna Ab Initio Simulation Package），是将材料的各种性质由第一性原理理论计算得出的。VASP 基于平面波和投影缀加波（PAW）[90, 91]方法展开波函数，采用局域密度近似（LDA）和广义梯度近似（GGA）等交换关联方法近似处理交换关联能，通过自洽迭代的方式解 Kohn-Sham 方程，主要用于具有周期性的晶体和表面的计算，使用超大单胞也可对小分子体系进行计算。VASP 主要的优点在于计算精度高，计算速度快，而且其拥有目前最为优秀且全面的赝势库[83, 92]。

本计算中的结构和性质计算 Materials Studio 软件包建立和调控三维原子模型，通过 VASP 软件进行结构优化、静态计算和电子性质计算。本章选取广义梯度近似下的交换关联泛函（PBE）[93]为赝势函数。计算的参数主要设置为：平面波截断能为 400eV；K 点网格按照 Monkhorst-Pack 方法进行划分，选取采样网格为 $3 \times 3 \times 1$。图 4.9 为所构建的 MoS_2 结构模型，其中图 4.9(a)为 2H 型 MoS_2 结构的侧视图和俯视图，图 4.9 (b)～(d)分别为所构建的原始 MoS_2（Bulk MoS_2）、单层 MoS_2（Layered MoS_2）以及表面 S 缺陷单层 MoS_2（Layered MoS_2-Vacancy）晶胞结构。基于计算精度和速度的考虑，结构优化时选用原子之间的受力作为标准，原子间作用力不超过 0.05eV，在进行自洽计算时，电子自洽的收敛精度为 10^{-6}eV。此外，我们的系统还采用了自旋修正。在厚度方向上，设置了 15Å 的真空层，保证层与层之间相互作用达到最小。

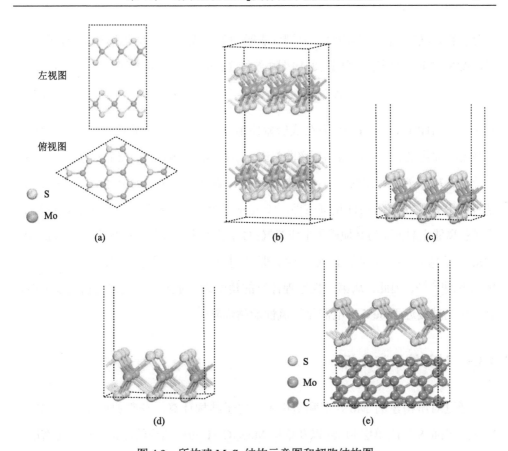

图 4.9　所构建 MoS_2 结构示意图和超胞结构图

（a）MoS_2 结构示意图；（b）原始 MoS_2、（c）单层 MoS_2、（d）表面 S 缺陷单层 MoS_2、（e）单层 MoS_2/CNT 复合材料超胞结构图

除计算材料的电子结构外，还计算了原始 MoS_2、单层 MoS_2、表面 S 缺陷 MoS_2 以及单层 MoS_2/CNT 复合结构的氢吸附自由能 ΔG_{H*}。在 DFT 理论计算氢自由能 ΔG_{H*} 时，假设电解质 pH = 0，电位 U = 0，H 原子的自由能可用以下公式计算[94]：

$$\Delta G_{H*} = \Delta E_H + \Delta E_{ZPE} - T\Delta S \tag{4.1}$$

其中，ΔE_H 为 H 原子在催化剂表面的吸附能，ΔE_{ZPE} 和 ΔS 为 H 处于吸附态和气态时的零点能之差和熵之差，T 为温度。ΔE_H 可根据公式：

$$\Delta E_H = E_{H*} - E_{(*)} + \frac{1}{2}E_{H_2} \tag{4.2}$$

计算获得，其中 E_{H^*}、$E_{(*)}$ 和 E_{H_2} 分别代表吸附后、吸附前的催化剂和 H_2 分子的能量。ΔE_{ZPE} 则可以通过计算 H 处于吸附态和气态时的振动频率得到

$$\Delta E_{ZPE} = E_{ZPE}(H^*) - \frac{1}{2} E_{ZPE}(H_2) \qquad (4.3)$$

其中，$E_{ZPE}(H^*)$ 和 $E_{ZPE}(H_2)$ 分别代表吸附态 H 和气态 H_2 分子的零点能。由于 H 原子吸附在催化剂表面时，振动频率非常高，所以氢气的熵值变化值 ΔS 是可以忽略不计的。H 原子吸附在活性位点是放热反应，则 $\Delta G_{H^*} < 0$，如果 ΔG_{H^*} 负得越大，越有利于 H 原子吸附在催化剂表面，Volmer 反应可以顺利进行，但不利于后续 H 原子脱离催化剂表面与其他质子形成氢气；H 催化剂表面脱附是放热反应，$\Delta G_{H^*} > 0$，ΔG_{H^*} 正的越大，越有利于 H 原子脱离催化剂表面，但是不利于 H 原子吸附在催化剂表面[72, 83]。因此，从第一性原理计算的角度讲，理想催化剂参与析氢反应时，氢自由能越接近于 0eV 时电催化析氢性能越优异[83]。

4.3.3　计算结果与分析

通过对所构建的 MoS_2 超胞结构进行电子结构计算，获得原始 MoS_2、单层 MoS_2、表面 S 缺陷单层 MoS_2 以及单层 MoS_2/CNT 四种结构的能带结构和态密度，如图 4.10 所示。由图 4.10(a)、(c)可知，原始 MoS_2 和单层 MoS_2 的能带显示为半导体结构，价带顶与导带底之间存在一定带隙，通过修正后带隙分别为 1.215eV 与 1.704eV。图 4.10(b)、(d)态密度图显示轨道的分 Mo 4d 轨道与 S 3p 轨道分波态密度以及总态密度均在费米能级处接近于 0，同样说明原始 MoS_2 和单层 MoS_2 材料为半导体电子结构。而从图 4.10(e)、(f)能带图可以发现，表面含有 S 空位的 MoS_2 能带价带出现满带，导带上部出现空带，表现出金属导体特性，且其态密度图在费米能级附近处出现 2 个尖峰并且穿过费米能级，属于 Mo 4d 电子轨道，这是由于表面 S 空位暴露出不饱和 Mo 原子，其电子轨道易发生跃迁，从而呈现金属特性。

由图 4.10(g)可知，与表面含有 S 缺陷的单层 MoS_2 的能带图类似，单层 MoS_2/CNT 复合结构表现出金属导体特性，且其态密度图（图 4.10(h)）在费米能级附近处出现 2 个尖峰且穿过费米能级，属于 C 2p 电子轨道，这是由于单层 MoS_2 与

CNT 复合以后，呈现出碳纳米管的导体特性，从而增加了单层 MoS₂ 复合材料的导电性，在催化析氢反应中能够增大电子迁移率并提高了催化效率。

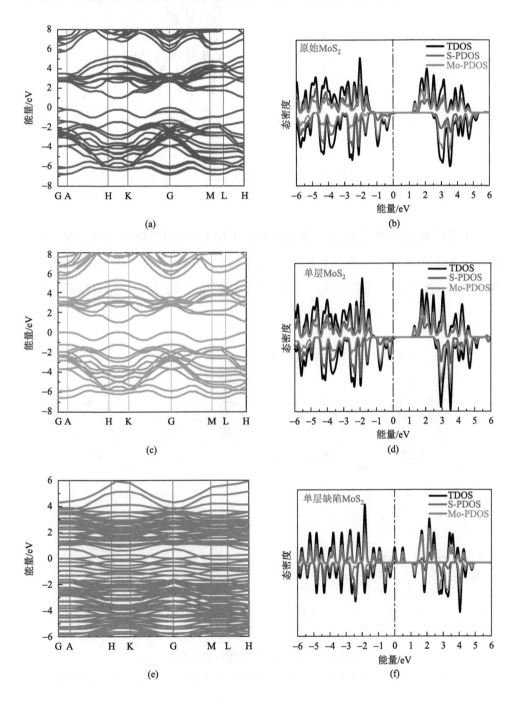

(a)　　　　　　　　　　　(b)

(c)　　　　　　　　　　　(d)

(e)　　　　　　　　　　　(f)

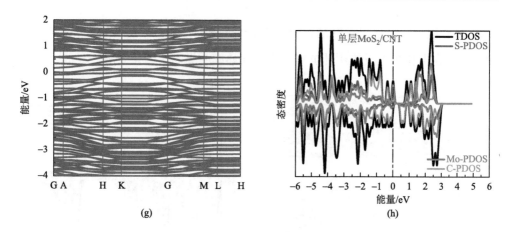

(g)　　　　　　　　　　　　　　　　(h)

图 4.10　不同 MoS_2 结构能带结构和态密度图

（a）、（b）原始 MoS_2；（c）、（d）单层 MoS_2；（e）、（f）表面 S 缺陷单层 MoS_2；（g）、（h）单层 MoS_2/CNT 复合结构

　　在原始 MoS_2、单层 MoS_2、表面 S 缺陷单层 MoS_2 以及单层 MoS_2/CNT 复合结构中 Mo 和 S 位点分别设置氢吸附位点（图 4.11），计算不同 MoS_2 材料 Mo 和 S 位点的氢吸附自由能 ΔG_{H^*}，结果如图 4.12 与表 4.2 所示。结果显示，原始

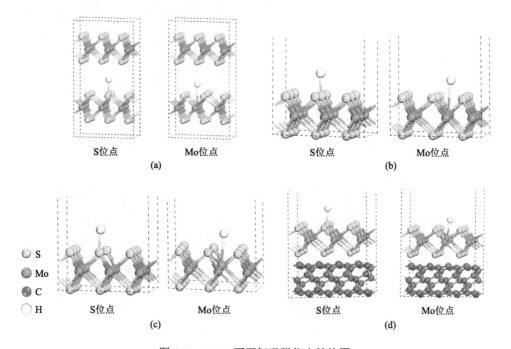

图 4.11　MoS_2 不同氢吸附位点结构图

（a）原始 MoS_2；（b）单层 MoS_2；（c）表面 S 缺陷单层 MoS_2；（d）单层 MoS_2/CNT 复合结构

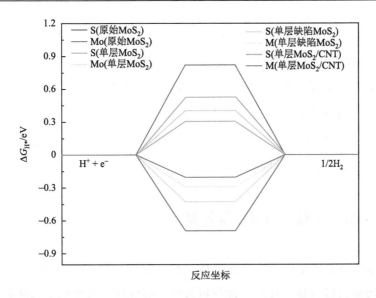

图 4.12　MoS₂ 各类结构 Mo 和 S 的氢吸附位点的吸附自由能 ΔG_{H*} 对比图

MoS₂ 无论是在 S 位点还是在 Mo 位点都显示较大的氢吸附自由能 ΔG_{H*}，分别为 0.8211eV 与 −0.6935eV；剥离为单层的 MoS₂ 在 S 位点和 Mo 位点的 ΔG_{H*} 均有较大幅度降低，分别为 0.5263eV 与 −0.4271eV，说明单层 MoS₂ 具有较好的催化析氢性能；当单层 MoS₂ 表面出现 S 空位时，在与 S 空位相邻的 S 位点和 Mo 位点的 ΔG_{H*} 进一步降低，分别为 0.4036eV 与 −0.29151eV，催化性能进一步提升；当单层 MoS₂ 与碳纳米管复合后，S 位点和 Mo 位点的 ΔG_{H*} 降为最低，分别为 0.3055eV 与 −0.2051eV，且数值接近于 0，说明单层 MoS₂ 在与 CNT 复合后改变了催化位点电子结构，与 CNT 起到了协同作用，从而提升了其氢吸附能力，且 CNT 的复合增加了体系的导电性，更加提升了复合材料的催化析氢效率。

表 4.2　原始 MoS₂、单层 MoS₂、表面 S 缺陷单层 MoS₂ 以及单层 MoS₂/CNT 复合结构中 Mo 和 S 配位氢吸附自由能 ΔG_{H*}

位点	原始 MoS₂	单层 MoS₂	表面 S 缺陷单层缺陷 MoS₂	单层 MoS₂/CNT 复合结构
Mo	−0.6935eV	−0.4271eV	−0.29151eV	−0.2051eV
S	0.8211eV	0.5263eV	0.4036eV	0.3055eV

仔细观察后还可以发现，无论哪种 MoS$_2$ 结构在 S 位点的 ΔG_{H*} 均为正，在 Mo 位点的 ΔG_{H*} 均为负，且在 Mo 位点 ΔG_{H*} 的绝对值均小于 S 位点，说明 MoS$_2$ 材料在 Mo 位点更易于吸附 H 原子，这也验证了含有高密度边缘和表面缺陷的 MoS$_2$ 材料暴露出大量的 Mo 催化位点，从而大大提高 MoS$_2$ 材料催化析氢性能的猜想。因此，采用插层-爆炸法制备高缺陷密度的 MoS$_2$ 材料并与 CNT 复合是提高 MoS$_2$ 材料催化析氢活性的有效策略。

4.3.4　1T-MoS$_2$ 电催化析氢性能计算

1T-MoS$_2$ 由于其特殊的八面体晶体结构而具有 2H-MoS$_2$ 所不具备的金属导电特性，因此可以推测，其在电催化析氢性领域同样具有更加优异的催化活性。类似于纳米层状 MoS$_2$/CNT 复合材料，本节采用与 4.2.2 节相同的模型和计算方法构建了 1T-MoS$_2$、1T-单层 MoS$_2$、表面 S 缺陷 1T-MoS$_2$ 以及单层 1T-MoS$_2$/CNT 结构并进行第一性原理计算，构建网格划分密度为 $3\times3\times1$ 的单层 1T-MoS$_2$/CNT 复合结构超胞。图 4.13 为所构建单层 1T-MoS$_2$/CNT 复合材料超胞结构图，其中图 4.13(a) 为 1T-MoS$_2$ 结构的侧视图和俯视图，图 4.13(b)~(e) 分别为所构建的原始 1T-MoS$_2$、单层 1T-MoS$_2$、表面 S 缺陷 MoS$_2$ 以及单层 1T-MoS$_2$/CNT 复合结构晶胞结构。除计算材料的电子结构外，还计算了材料氢吸附自由能 ΔG_{H*}。

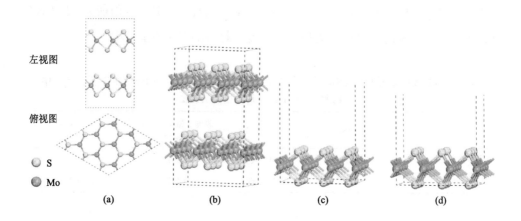

<table>
<tr><td>左视图</td></tr>
<tr><td>俯视图</td></tr>
<tr><td>○ S</td></tr>
<tr><td>● Mo</td></tr>
</table>

　　　　(a)　　　　　　　(b)　　　　　　　(c)　　　　　　　(d)

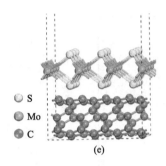

○ S
○ Mo
● C

(e)

图 4.13　所构建单层 1T-MoS₂/CNT 复合材料超胞结构图

通过对所构建的原始 1T-MoS₂、单层 1T-MoS₂、表面 S 缺陷单层 1T-MoS₂ 以及单层 1T-MoS₂/CNT 复合材料超胞进行电子结构计算，获得能带结构和态密度图，如图 4.14 所示。由图 4.14(a)、(c)、(e)可知，1T-MoS₂ 的能带均显示为导体结

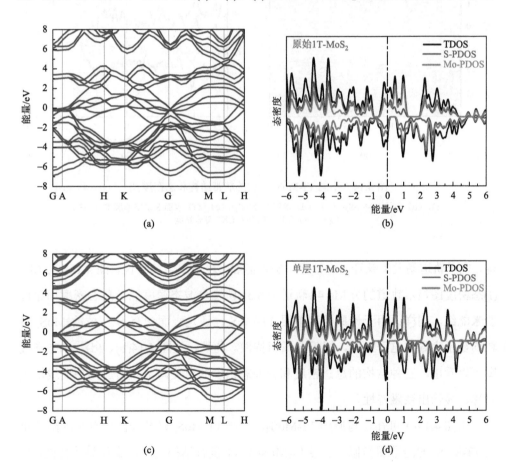

(a)

(b)

(c)

(d)

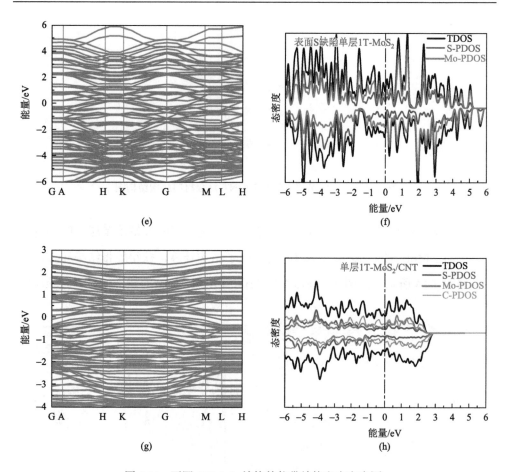

图 4.14　不同 1T-MoS$_2$ 结构的能带结构和态密度图

（a）、（b）原始 1T-MoS$_2$；（c）、（d）单层 1T-MoS$_2$；（e）、（f）表面 S 缺陷单层 1T-MoS$_2$；
（g）、（h）单层 1T-MoS$_2$/CNT 复合结构

构，电子轨道易发生跃迁，价带穿过费米能级，表现出金属特性，图 4.14(b)、(d)、(f)态密度图显示轨道的分 Mo 4d 轨道与 S 3p 轨道分波态密度以及总态密度均穿过费米能级，同样说明无论原始和单层 1T-MoS$_2$，还是表面含有 S 空位的 MoS$_2$ 材料均显示为导体电子结构，属于金属相特性。此外，从图 4.14(b)、(d)、(f)态密度图可以看出，三种结构的总态密度和分波态密度的自旋向上和自旋向下曲线均不对称，显示出铁磁特性。

　　由图 4.14(g)可知，与原始 1T-MoS$_2$、单层 1T-MoS$_2$ 以及表面含有 S 缺陷的单层 1T-MoS$_2$ 的能带图类似，单层 1T-MoS$_2$/CNT 复合结构表现出金属导体特性，且

其态密度图（图 4.14(h)）中总态密度与各分波态密度均穿过费米能级，同样显示出金属特性，且由于与高导电性的 CNT 的复合，复合材料的金属特性得到增强，这在催化析氢反应中能够起到增大电子迁移率且提高催化效率的作用。

通过在原始 1T-MoS₂、单层 1T-MoS₂、表面 S 缺陷单层 1T-MoS₂ 以及单层 1T-MoS₂/CNT 复合结构中 Mo 位点和 S 位点分别设置氢吸附位点（图 4.15），计算不同 MoS₂ 材料 Mo 位点和 S 位点的氢吸附自由能 ΔG_{H*}，结果如图 4.16 与表 4.3 所示。结果显示，与 2H-MoS₂ 类似，原始 1T-MoS₂ 无论是在 S 位点还是在 Mo 位点都显示较大的氢吸附自由能 ΔG_{H*} 绝对值，ΔG_{H*} 分别为 0.7243eV 与 −0.6117eV；单层的 1T-MoS₂ 在 S 位点和 Mo 位点的 ΔG_{H*} 绝对值均有较大幅度降低，且均低于 2H-MoS₂ 的 ΔG_{H*} 绝对值，其 ΔG_{H*} 分别为 0.4642eV 与 −0.3767eV，说明单层 1T-MoS₂ 具有较好的催化析氢性能；当单层 1T-MoS₂ 表面出现 S 空位时，在与 S 空位相邻的 S 位点和 Mo 位点的 ΔG_{H*} 绝对值进一步降低，且同样低于 S 空位 2H-MoS₂ 的 ΔG_{H*} 绝对值，其 ΔG_{H*} 分别为 0.3561eV 与 −0.2572eV，催化性能进一步提升；

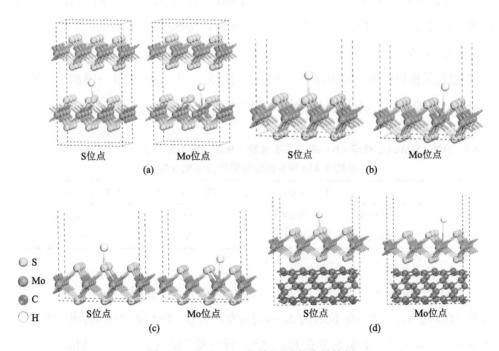

图 4.15　1T-MoS₂ 不同氢吸附位点结构图

（a）原始 1T-MoS₂；（b）单层 1T-MoS₂；（c）S 缺陷单层 1T-MoS₂；（d）单层 1T-MoS₂/CNT 复合结构

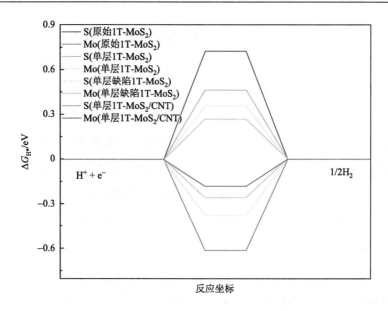

图 4.16　1T-MoS$_2$ 各类结构 Mo 和 S 氢吸附位点的吸附自由能 ΔG_{H*}对比图

当单层 1T-MoS$_2$ 与 CNT 复合后，S 位点和 Mo 位点的 ΔG_{H*}绝对值降为最低，同样低于具有 S 空位 2H-MoS$_2$/CNT 的值，分别为 0.2695eV 与–0.1809eV，且数字更接近于 0，说明单层 1T-MoS$_2$ 在与 CNT 复合后同样改变了催化位点电子结构，与 CNT 起到了协同作用，从而提升了其氢吸附能力，且 CNT 的复合增加了体系的导电性，更加提升了复合材料的催化析氢效率。

表 4.3　原始 1T-MoS$_2$、单层 1T-MoS$_2$、表面 S 缺陷单层 1T-MoS$_2$ 以及单层 1T-MoS$_2$/CNT 复合结构中 Mo 和 S 配位氢吸附自由能 ΔG_{H*}

位点	原始 1T-MoS$_2$	单层 1T-MoS$_2$	表面 S 缺陷单层 1T-MoS$_2$	单层 1T-MoS$_2$/CNT 复合结构
Mo	−0.6117eV	−0.3767eV	−0.2572eV	−0.1809eV
S	0.7243eV	0.4642eV	0.3561eV	0.2695eV

　　类似于 2H-MoS$_2$/CNT 复合结构，1T-MoS$_2$/CNT 无论哪种 MoS$_2$ 结构在 S 位点的 ΔG_{H*}均为正，在 Mo 位点的 ΔG_{H*}均为负，且在 Mo 位点 ΔG_{H*}的绝对值均小于 S 位点，说明 1T-MoS$_2$ 材料在 Mo 位点同样更易于吸附 H 原子，因此，通过改变 MoS$_2$ 的相结构提高其导电性，并与稳定性高、导电性好的含 C 材料复合，MoS$_2$

基复合材料能够在电催化析氢反应过程中起到协同催化作用，同样可以为电催化析氢以及其他电催化应用领域提供有效解决策略。

4.4　小　　结

本章通过结合插层–爆炸 MoS$_2$ 的丰富催化位点与 CNT 的结构稳定性，采用液相合成法制备了不同 CNT 含量的纳米层状 MoS$_2$/CNT 复合材料，并通过检测表征分析了其物相与晶体结构、微观组织以及复合状态，采用电化学工作站配合三电极体系测试了纳米层状 MoS$_2$/CNT 复合材料及纳米层状 MoS$_2$ 材料的催化析氢性能，并分析了其催化机理，结果表明添加 50wt% CNT 的纳米层状 MoS$_2$/CNT 复合材料具有优异的催化活性和稳定性，在储氢新能源催化剂领域有着广泛的应用前景。

通过基于密度泛函理论的第一性原理计算，得到纳米层状 MoS$_2$/CNT 复合材料的电子结构和不同位点氢吸附自由能 ΔG_{H*}。计算结果表明，通过复合 CNT 材料改变了纳米层状 MoS$_2$ 的电子结构，MoS$_2$ 与 CNT 起到了协同催化的作用，从而提高了其氢吸附能力，并且 CNT 材料的复合提高了纳米层状 MoS$_2$ 材料的导电性，更加提升了复合材料的催化析氢效率；此外，MoS$_2$ 材料在 Mo 位点更易于吸附 H 原子，这也验证了含有高密度边缘和表面缺陷的 MoS$_2$ 材料暴露出大量的 Mo 催化位点从而大大提高 MoS$_2$ 材料催化析氢性能的猜想。因此，采用插层–爆炸法制备高缺陷密度的 MoS$_2$ 材料并与 CNT 复合是提高 MoS$_2$ 材料催化析氢活性的有效策略。同样地，计算了纳米层状 1T-MoS$_2$/CNT 复合材料的电子结构和不同位点氢吸附自由能 ΔG_{H*}，由于 1T-MoS$_2$ 具有本征金属导体特性，因此其与 CNT 材料复合以后产生协同作用，电催化析氢活性得到更大提升。

第5章　纳米层状 MoS₂ 复合材料磁性能

5.1　引　　言

近年来，二维层状纳米材料由于其特殊的电子结构和物理性质受到了广泛的关注。石墨烯是一种无带隙的单层二维碳材料，因其具有高电子迁移率、良好的导热性、优异的弹性和机械刚度等优良性能，是目前研究最多的二维纳米材料，具有广泛的应用前景[95-97]。层状过渡金属二卤族化合物（TMD）由于其独特的物理特性，如理想的能带隙和较大的平面内电子迁移率，也引起了人们的广泛关注。其中，MoS₂ 作为最稳定的层状 TMD，在晶体管、传感器、存储器件以及催化析氢等方面都有广泛的应用[98-103]。

与对二维石墨烯和 MoS₂ 纳米片的电学、力学和光学性质的大量实验和理论研究相比，对其磁性能的研究报道较少。众所周知，与块状石墨类似，块体 MoS₂ 也呈现出抗磁性[104-106]。然而，由于量子效应和表面效应，原子层厚的二维纳米片通常具有比其本体材料更新颖的物理性能。最近，理论研究表明，尽管块状 MoS₂ 是一种抗磁性材料，但当 MoS₂ 纳米带形成锯齿形边缘、产生缺陷或吸收 H、B、C、N 和 F 等非金属时，它就变成铁磁性[107]。此外，第一性原理研究还发现，在 MoS₂ 团簇、纳米颗粒和纳米带中也有磁矩的形成[108-110]。在实验上，MoS₂ 纳米片中的铁磁性现象之前已有报道，观察到的磁信号归因于不饱和原子的存在[104]。在质子辐照下，独立纳米片和大块 MoS₂ 中也获得了弱铁磁性，而且将居里温度 T_C 增加到 895K[111, 112]。

据文献报道，根据生长过程的不同，可以合成出边缘终止或基面平面终止的 MoS₂ 薄膜[113]。边缘终止原子在加氢脱硫催化中起着非常重要的作用，此外，这些边缘原子可能表现出不同于晶体的独特的磁性和电性能[114]。由于配位的变化，截面表面上的边缘原子并不总是保持体积化学计量平衡；因此，可能会出现各种类型的重构，以及非均匀的自旋分布。某些类型的边缘重构导致 Mo—Mo 键或 S—S 键形成，其中边缘 Mo 原子可以看作是特殊的 Mo_xS_y 团簇沿着边缘平面周期性地在一维空间中键合。原则上，由于部分填充的 d 轨道，这些 Mo 团簇可能会产生磁矩。在晶体 MoS_2 中观察到的 Mo 的 +4 价态的三方棱柱配位，对应 d_2 电子自旋配对的配位，可能会在边缘变化为八面体配位，导致 d_2 电子的自旋极化[115]。事实上，最近的一项理论研究发现[116]，Mo_nS_{2n} 团簇可以表现出磁矩。例如，Mo_6S_{12} 已被发现是一种特殊的分子磁体，它们的磁矩可以用来测量自旋极化的磁矩，磁性和非磁性异构体之间有很大的能量差（0.94eV），除了 MoS_2 团簇外，在 MoS_2 纳米管的自旋极化计算表明，嵌入碘的扶手椅结构可以获得非常大的自发磁矩[117]。此外还有计算表明，具有不同终止方向的边缘保持在不同的磁基态，扶手椅边缘在非磁性（或亚稳磁性）状态下是稳定的，而锯齿形边缘在具有净磁矩的磁性接地状态下是稳定的；从这个角度来看，在锯齿形边缘的存在下，只要平均晶粒尺寸足够小，就可以在 MoS_2 纳米带、纳米晶薄膜，甚至在体积极限下观察到磁性；并且，当 MoS_2 薄片超过一定厚度时，它们会变得无磁性[118]。

　　根据上述报道，锯齿形边缘、缺陷或掺杂诱导能够使得类石墨烯结构 MoS_2 获得微弱铁磁性，在集成磁性器件上的应用具有广泛前景。而本研究采用插层-爆炸法所制备的 MoS_2 纳米片由于独特的制备手段，在高能爆炸作用下，大面积的 MoS_2 片受到瞬间冲击与碰撞而剪切为较小纳米薄片，从而使得边缘缺陷密度增大，并且插层过程中在表面和层间插入的含氧官能团在爆炸剥离后会有微量残留，在与爆炸冲击的双重作用下，也使得 MoS_2 表面产生缺陷，使其结构发生变化，从而有很大可能使得 MoS_2 材料由此获得局部磁矩，进而产生铁磁性信号。因此，本章利用超导量子干涉磁强计（SQUID）、材料综合物性测量系统-振动样品磁强计（PPMS-VSM）以及磁力显微镜（MFM）对插层-爆炸法制备 MoS_2 纳米片进行磁性能测试，从而验证关于其由于结构变化产生磁性能的猜想，并通过基于密度泛函理论的第一性原理进行磁性能理论计算，进一步验证磁性能产生的来源。

5.2　纳米层状 MoS_2 材料磁性能测试

5.2.1　磁化测试

采用 SQUID（5～400K）与 PPMS-VSM（300～973K）对插层-爆炸和插层 MoS_2 材料进行磁化测试（*M-H* 曲线）和零场-场冷却磁化测试（ZFC-FC 曲线），磁化测试参数选择磁场强度范围为–5～5T，温度为室温 300K；零场-场冷却测试参数选择温度为 5～400K，磁场强度为 100Oe[①]；在 5K、50K、100K、200K、300K、400K、573K、773K 以及 973K 温度下分别对插层-爆炸 MoS_2 进行磁化测试（*M-H* 曲线），磁场强度范围为–1～1T，以探索温度对二硫化钼磁性能的影响，并且在 300～973K 温度区间进行连续升温测试，得到磁化-温度（*M-T*）曲线，测试所用磁场强度为 1T。

5.2.2　磁力显微镜测试

使用 MFM 对插层-爆炸 MoS_2 进行磁力显微测试，磁力显微镜成像原理为，首先使用磁力探针采用高度模式在样品选定范围内扫描一次，获得高度值，再使用 lift 模式在第一次扫描的高度基础上抬高 30～100nm，再次扫描获得磁响应信号。与原子力显微镜测试相同，测试前将 MoS_2 粉末样品超声分散均匀后，用毛细玻璃吸管或移液器取少量分散液滴于单晶硅片表面,在空气中干燥后置于 MFM 样品台进行测试。

5.2.3　磁化性能分析

图 5.1(a)为插层-爆炸制备纳米层状 MoS_2 的磁化曲线（*M-H* 曲线），从图中可以看出，曲线的整体趋势向下，磁化率为负值，说明材料整体呈现出抗磁性，然而，曲线中间一部分呈现上升趋势，磁化率为正，去掉抗磁性背底之后，曲线呈

---

① $1Oe = 10^{3/4\pi}A/m$。

现明显的磁滞回线，如图 5.1(b)所示。由图可以得到材料的饱和磁化强度 M_s 为 0.011emu·g^{-1}①，剩余磁化强度 B_r 为 0.0013emu·g^{-1}，矫顽力 H_c 为 113Oe，显示出明显的铁磁性能。结果显示，插层-爆炸法制备的纳米层状 MoS₂ 饱和磁化强度优于文献报道层状 MoS₂ 一个数量级，文献中饱和磁化强度为 0.0011～0.004emu·g^{-1}，矫顽力为 100～400Oe。

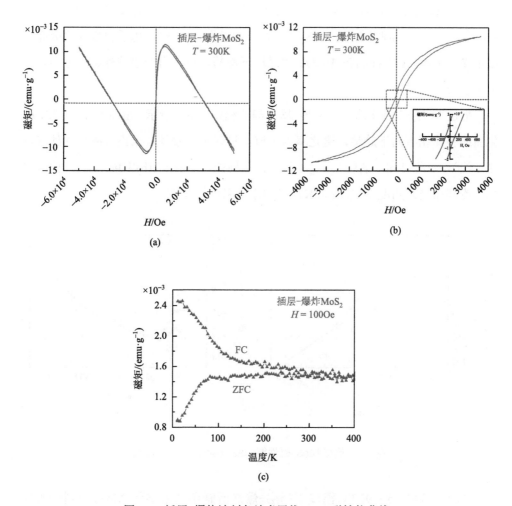

图 5.1 插层-爆炸法制备纳米层状 MoS₂ 磁性能曲线

（a）、（b）磁化曲线；（c）ZFC-FC 曲线

① 1emug^{-1}≈10^{-4}T。

图 5.1(c)为插层-爆炸 MoS_2 的零场-场冷却曲线（磁化-温度曲线，M-T 曲线，ZFC-FC 曲线），由图可知，带场冷却曲线随着温度降低先平稳增加，降至 100K 时出现拐点，显著上升；零场冷却曲线在 80K 以上温度时与带场冷却曲线变化趋势相同，而在 80K 时出现拐点，磁化强度开始下降，两条曲线在 400～250K 温度区间内基本重合，在 250K 左右时出现分叉。由此可知，插层-爆炸 MoS_2 的平均冻结温度 T_B 为 80K，最大冻结温度为 250K。ZFC 样品表现出从 T_B 到 0K，磁化强度急剧减小，当纳米层状 MoS_2 在零场下冷却至 10K 时，电子自旋随机分布，磁矩接近于零；FC 样品在 100Oe 的磁场下冷却，电子自旋沿着外磁场方向，显示出了较大的磁矩。

插层 MoS_2 的磁化曲线和零场-场冷却曲线如图 5.2 所示，由图 5.2(a)可知，磁化曲线整体朝着向下趋势，磁化率为负值，呈现出抗磁性，未出现磁化曲线（磁滞回线），由此可知，插层 MoS_2 不具有铁磁性能。由图 5.2(b)零场-场冷却曲线可知，冷却冻结开始温度 T_B 为 80K，平均冻结温度为 45K。

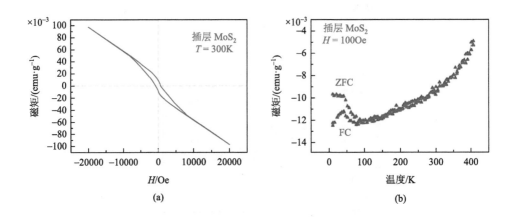

图 5.2　插层 MoS_2 磁性能曲线和零场-场冷却曲线

图 5.3 为在 5～973K 温度下插层-爆炸所制备纳米层状 MoS_2 材料的磁化（M-H）曲线与磁化-温度（M-T）曲线，且磁性能指标如表 5.1 所示。由图 5.3(a)、(b)可以看出，插层-爆炸 MoS_2 在 400～5K 同温度下均呈现出完整的磁滞回线，表现为铁磁性；随着温度从 400K 降至 5K，曲线逐渐变窄拉长，且饱和磁化强度 M_s

逐渐升高，饱和磁化强度 M_s 从 0.005emu·g^{-1} 升高至 0.048emu·g^{-1}，增大了近十倍；随着温度降低，矫顽力 H_c 先逐渐增大，在 400K 温度下为 366Oe，温度降至 100K 时达到最大值 578Oe，随后逐渐降低，5K 时降至最低为 310Oe，而其剩磁 B_r 随着温度的降低变化不明显；如图 5.3(c)所示，在高温区间，当温度上升至 573~973K，磁化曲线均变为两条细线重合在一起，未出现完整磁滞回线，且放大后可观察到曲线呈锯齿状交错缠结在一起，且温度上升至 973K 后，磁化曲线为水平的直线，说明当温度升高到 573K 后纳米层状 MoS₂ 材料基本无磁性能显现。

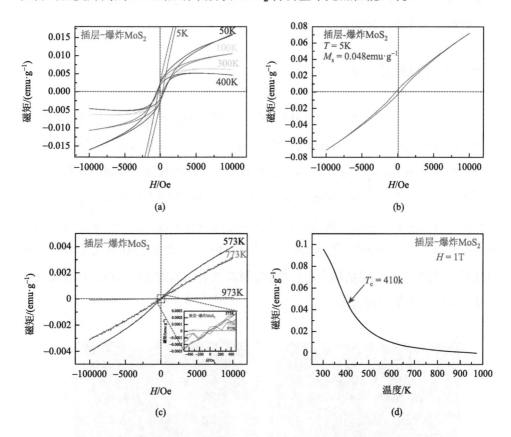

图 5.3　不同温度下插层-爆炸法制备纳米层状 MoS₂ 材料的 M-H 曲线（a）~（c）和 M-T 曲线（d）

由图 5.3(d)所示 M-T 曲线可知，纳米层状 MoS₂ 材料随着温度升高，磁化性能逐渐降低，至 410K 左右出现转折点，并且随着温度继续升高，磁化强度逐渐降为零，说明所制备 MoS₂ 材料的铁磁-顺磁转变温度（即居里温度 T_C）为 410K，

表 5.1　不同温度下插层-爆炸 MoS₂ 磁性能指标

	5K	50K ($T_e = 410$)	100K	300K	400K	573K	773K	973K
M_s/(emu·g⁻¹)	0.048	0.015	0.0098	0.0063	0.005	0	0	0
B_r/(emu·g⁻¹)	0.003	0.0027	0.0026	0.0025	0.002	0	0	0
H_c/Oe	310	542	578	521	366	0	0	0

这也与图 5.3(a)中不同温度 *M-H* 曲线结果相吻合,当温度达到 573K(即高于 410K)时,材料的磁化强度降为零。

5.2.4　磁力显微镜分析

图 5.4 为插层-爆炸 MoS₂ 的 MFM 图像,由图 5.4(a)可见,视野中含有厚度为 0.702nm、2.626nm 以及 3.348nm 的片层,分别为单层、4 层以及 5 层的 MoS₂ 纳米片。如图 5.4(b)、(c)所示,在同一范围的磁性振幅和相图中分别可以看到对应的磁响应信号,在振幅图中呈现正的响应信号,而在相图中呈现负信号,且响应信号随着片层层数的增加而增大,说明纳米层状 MoS₂ 材料的磁性能随着层数的增加而升高,这与文献中少层 MoS₂ 磁性能规律一致。因此,MFM 结果同样显示通过插层-爆炸方法制备的纳米层状 MoS₂ 材料具有明显的铁磁性能,在磁性电子器件中具有潜在的应用前景。

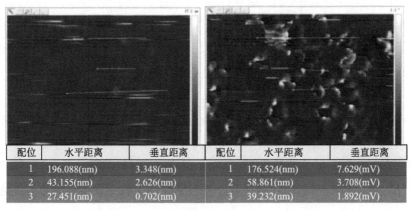

配位	水平距离	垂直距离	配位	水平距离	垂直距离
1	196.088(nm)	3.348(nm)	1	176.524(nm)	7.629(mV)
2	43.155(nm)	2.626(nm)	2	58.861(nm)	3.708(mV)
3	27.451(nm)	0.702(nm)	3	39.232(nm)	1.892(mV)

(a)　　　　　　　　　　　　　　　　(b)

配位	水平距离	垂直距离
1	227.451(nm)	−0.917(m°)
2	27.475(nm)	−0.500(m°)
3	23.562(nm)	−0.170(m°)

(c)

图 5.4　插层-爆炸 MoS$_2$ 的 MFM 图像

5.3　纳米层状 MoS$_2$ 磁性第一性原理计算

采用 4.3.2 节构建的 MoS$_2$ 及层状 MoS$_2$/CNT 复合材料模型进行第一性原理磁性计算，在计算过程中，为了估计不同自旋组态的能量，引入固定自旋磁矩算法（fixed-spin moment，FSM），在进行密度泛函理论的自旋极化计算时不允许磁矩弛豫，通过比较不同磁性状态下的能量大小确定体系的稳定态[95]。为了更好地理解 MoS$_2$ 系统的磁性，采用自旋极化电荷密度图来分析其磁性形态。自旋极化电荷密度可以定义为

$$\rho(r) = \rho\uparrow(r) - \rho\downarrow(r) \qquad (5.1)$$

其中，$\rho\uparrow(r)$ 和 $\rho\downarrow(r)$ 分别表示的是 MoS$_2$ 系统自旋向上和自旋向下的电荷密度。

为了探索三种 MoS$_2$ 结构的基态特性，使用 VASP 通过结构优化与静态非自洽计算得到了 Mo—S 键长（bond length）、体系总能量（energy）、体系总磁矩（magnetic moment）以及非磁态与磁态能量差（ΔE），结果如表 5.2 所示。结果显示，从原始 MoS$_2$ 到单层 MoS$_2$，再到 S 缺陷 MoS$_2$，Mo—S 键长逐渐减小，分别为 2.417Å、2.359Å 与 2.273Å；体系最低能量逐渐增大，分别为–46.08eV、–23.17eV

与–18.59eV；体系总磁矩逐渐增大，分别为 $0.05\mu_B$、$0.12\mu_B$ 与 $0.17\mu_B$；且非磁态与磁态能量差逐渐增大，分别为 15.36meV、19.85meV 与 25.96meV。一般而言，二维材料体系中总磁矩和非磁态与磁态能量差越高，材料显示出铁磁性越强，因此，单层 MoS_2 与含有 S 缺陷 MoS_2 具有较高的总磁矩和非磁态与磁态能量差，显示出一定的铁磁性，且 S 缺陷 MoS_2 具有最稳定的铁磁性能，这也对应了所测试纳米层状 MoS_2 材料具有较强铁磁性的结果。

表 5.2　MoS_2 结构中 Mo—S 键长、体系总能量、体系总磁矩、非磁态与磁态能量差（ΔE）数据

结构	Mo—S 键长/Å	磁矩/μ_B	能量/eV	ΔE/meV
块体 MoS_2	2.417	0.05	–46.08	15.36
单层 MoS_2	2.359	0.12	–23.17	19.85
单层缺陷 MoS_2	2.273	0.17	–18.59	25.96

具有 S 缺陷的纳米层状 MoS_2 材料较强的磁性信号同样也可以在电子自旋极化密度图中反应，如图 5.5 所示。从图 5.5(a)、(b)中原始 MoS_2 结构的俯视与侧视自旋密度图可以看出，无论是 Mo 原子还是 S 原子，每个原子上的自旋云强度均较弱，且无自旋集中区域，未显示出明显的磁性信号；而图 5.5(c)、(d)所示单层 MoS_2 材料的自旋密度图显示出较强的电子自旋云强度，且分布较均匀，未出现强集中区域，说明单层 MoS_2 材料具有一定的磁性信号，且在同一基面上磁性分布较均匀。

图 5.5(e)、(f)为具有表面 S 缺陷单层 MoS_2 结构的自旋密度图，与无表面缺陷的单层 MoS_2 结构不同，表面出现 S 缺陷后，在与 S 空位相邻的三个 Mo 原子上面出现聚集的较大面积的自旋云，且呈三角形连接着这三个 Mo 原子，此外在这三个 Mo 原子上单独的自旋云也较图 5.5(c)、(d)有所增大，再较远处的原子则无明显变化，表明出现 S 空位后，在与 S 空位相邻的 Mo 原子改变了电子结构，产生较多未成对的电子，进而产生自旋向上和自旋向下的磁矩，表现出显著的磁性能。该结果与上文静态计算所得的磁态数据相吻合，且对应于实验所测试的纳米层状 MoS_2 材料具有较强铁磁性的结果，验证了对于通过插层-爆炸所制备的纳米层状 MoS_2 空位缺陷诱导磁性来源的猜想。

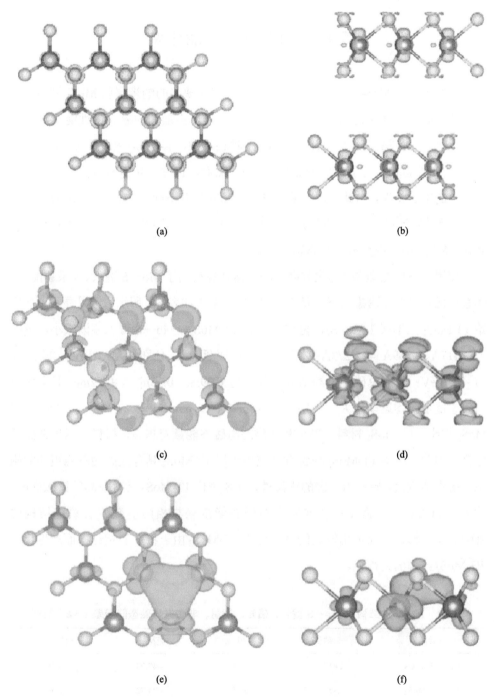

图 5.5　不同 MoS_2 结构的自旋极化密度图

（a）、（b）原始 MoS_2；（c）、（d）单层 MoS_2；（e）、（f）表面 S 缺陷单层 MoS_2

5.4　1T-MoS$_2$磁性能计算

由纳米层状 MoS$_2$ 计算结果可知,表面含有 S 缺陷的纳米层状 MoS$_2$ 材料具有最大的总磁矩和非磁态与磁态能量差（ΔE）,表现出最高的磁响应性能。据文献报道,MoS$_2$ 材料具有 1T、2H 以及 3R 三种相结构,其中 2H 相为稳定相,1T 与 3R 相为亚稳态相,易于转变为 2H 稳定相。然而,1T 相 MoS$_2$ 具有金属性,显示出不同的电子特性,由此可以推测,1T 相 MoS$_2$ 具有不同于 2H 相 MoS$_2$ 的磁响应性能。因此,针对 4.2.4 节所构建的原始 1T-MoS$_2$、单层 1T-MoS$_2$ 以及表面 S 缺陷 MoS$_2$ 晶胞结构,进行材料基态特性计算。

使用 VASP 通过结构优化与静态非自洽计算得到了 Mo—S 键长、体系总能量、体系总磁矩以及非磁态与磁态能量差（ΔE）,结果如表 5.3 所示。结果显示,从原始 1T-MoS$_2$ 到单层 1T-MoS$_2$,再到 S 缺陷 1T-MoS$_2$,Mo—S 键长逐渐减小,分别为 2.417Å、2.359Å 与 2.273Å；体系最低能量逐渐增大,分别为 –47.03eV、–24.72eV 与 –19.16eV；体系总磁矩逐渐增大,分别为 0.09μ_B、0.15μ_B 与 0.22μ_B；且非磁态与磁态能量差均逐渐增大,分别为 16.16meV、21.69meV 与 27.32meV。同 2H 相 MoS$_2$ 相比,1T-MoS$_2$ 材料总磁矩和非磁态与磁态能量差越高,材料显示出铁磁性越强,因此,单层 1T-MoS$_2$ 与含有 S 空位单层 1T-MoS$_2$ 具有较高的总磁矩和非磁态与磁态能量差,显示出一定的铁磁性,且 S 空位 1T-MoS$_2$ 具有最高的铁磁性能。此外,1T-MoS$_2$ 的总磁矩和非磁态与磁态能量差与相同层数或者缺陷结构的 2H-MoS$_2$ 相比,均显示出较大的值,说明 1T-MoS$_2$ 由于特殊的相结构而产生优于 2H-MoS$_2$ 结构的磁性能。

表 5.3　1T-MoS$_2$ 结构中 Mo—S 键长、磁矩、能量、非磁态与磁态能量差（ΔE）数据

结构	Mo—S 键长/Å	磁矩/μ_B	能量/eV	ΔE/meV
原始 1T-MoS$_2$	2.417	0.09	−47.03	16.16
单层 1T-MoS$_2$	2.359	0.15	−24.72	21.69
S 缺陷 1T-MoS$_2$	2.273	0.22	−19.16	27.32

图 5.6 为 $1T-MoS_2$ 材料电子自旋极化密度图。从图 5.6(a)、(b)中原始 $1T-MoS_2$ 结构的俯视与侧视自旋极化密度图可以看出，无论是 Mo 原子还是 S 原子，每个原子上的自旋云强度均较弱，且无自旋集中区域，但其所分布的自旋云密度较 $2H-MoS_2$ 材料高，显示出微弱的磁性信号；而图 5.6(c)、(d)所示单层 $1T-MoS_2$ 材料的自旋极化密度图显示出较强的电子自旋云强度，且分布较均匀，未出现强集中区域，说明单层 $1T-MoS_2$ 材料具有一定的磁性信号，且在同一基面上磁性分布较均匀。

图 5.6(e)、(f)为具有表面 S 缺陷单层 $1T-MoS_2$ 结构的自旋极化密度图，与无表面缺陷的单层 MoS_2 结构不同，表面出现 S 缺陷后，在与 S 空位相邻的三个 Mo 原子上面出现聚集的较大面积的自旋云，且呈三角形连接着这三个 Mo 原子，

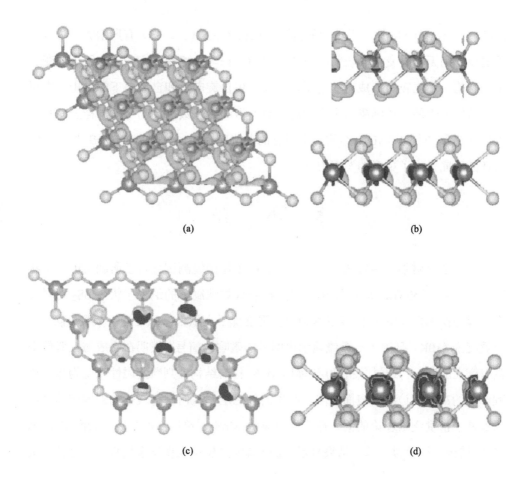

(a)

(b)

(c)

(d)

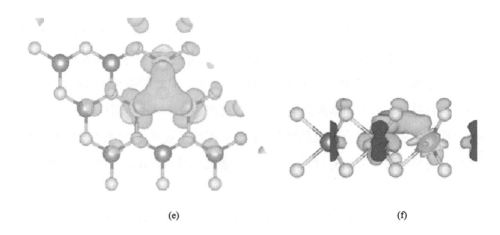

(e)   (f)

图 5.6　不同 1T-MoS$_2$ 结构的自旋极化密度图

（a）、（b）原始 1T-MoS$_2$；（c）、（d）单层 1T-MoS$_2$；（e）、（f）表面 S 缺陷单层 1T-MoS$_2$

此外，在这三个 Mo 原子上单独的自旋云也较图 5.6（c）、（d）有所增大，再较远处的原子则无明显变化，表明出现 S 空位后，在与 S 空位相邻的 Mo 原子改变了电子结构，产生较多未成对的电子，进而产生自旋向上和自旋向下的磁矩，表现出显著的磁性能。该结果与上文静态计算所得的磁态数据相吻合，同样表明具有表面 S 缺陷单层 1T-MoS$_2$ 结构具有显著的磁响应性能，为今后的 MoS$_2$ 材料磁性器件的研究提供了更多的发展方向。

5.5　小　　结

本章通过磁强计磁化响应性能测试和磁力显微镜测试分析了所制备纳米层状 MoS$_2$ 材料的磁性能，结果表明，采用插层-爆炸法制备的纳米层状 MoS$_2$ 材料具有明显的铁磁性，300K 温度下饱和磁化强度优于文献报导磁性能一个数量级，居里温度为 410K，且磁力显微镜显示出明显的磁响应信号，表明在集成磁性器件中具有潜在的应用。通过分析插层-爆炸 MoS$_2$ 材料结构，判断其磁性来源为爆炸过程产生的高密度边缘与表面缺陷，产生局部磁矩，从而获得较强的磁响应信号；通过基于密度泛函理论的第一性原理对原始 MoS$_2$、单层 MoS$_2$ 以及表面 S 缺陷 MoS$_2$ 结构进行模拟计算，结果显示表面 S 缺陷 MoS$_2$ 表现出金属特性，且具有最高的磁矩和非磁态与磁态能量差，具备最强、最稳定的铁磁特性，该结果验证了插层-爆炸制备纳米层状 MoS_2 材料磁性来源的猜想。此外还对原始 $1T-MoS_2$、单层 $1T-MoS_2$ 以及表面 S 缺陷的 $1T-MoS_2$ 结构进行了模拟计算，$1T-MoS_2$ 结构均表现出金属特性，且由于其特殊的电子结构产生了更加优异的磁性能，为今后 MoS_2 材料磁性器件的应用提供了研究基础与发展方向。

第 6 章　锂离子插层法剥离制备纳米多孔 MoS₂ 基复合材料

6.1　引　　言

　　锂离子由于较小的原子半径能够轻易插入二硫化钼层间，再利用其较强的活性能够与水发生激烈反应，片层间产生的氢气气泡形成较强的冲击力，使二硫化钼片层之间的范德瓦耳斯作用力减弱，通过进一步的超声处理，片层之间的范德瓦耳斯力得到破坏，从而实现二硫化钼纳米片的剥离，成功得到二维纳米片结构，是二硫化钼剥离的重要手段。然而，传统锂离子插层反应需要在四颈烧瓶、蒸馏以及装置中进行，含锂有机溶液容易泄露接触空气发生起火，存在严重安全隐患，对实验操作有着极高的要求，极大地限制了其应用。因此，本研究通过分析锂离子反应过程，将锂离子插层反应转移至具有较低水和氧浓度的氩气气氛手套箱中进行，避免了含锂有机溶液接触水和氧气发生起火反应的危险，从而安全、简易地通过锂离子插层法剥离制备纳米 MoS₂ 材料，并通过铂的掺杂与 CNT 的复合，获得了纳米 Pt-MoS₂/CNT 复合材料。研究结果表明，纳米 Pt-MoS₂/CNT 复合材料表现出与普通层状 MoS₂ 相比显著增强的电催化析氢催化活性，析氢性能超越商用铂碳贵金属催化剂，并兼具高稳定性。这一研究成果促进了 MoS₂ 材料实现高效且稳定的催化活性，并且在电催化析氢领域得以应用，是有望在工业上替代贵金属催化剂的有效策略。

6.2　锂离子插层法剥离多孔纳米 MoS₂

　　采用基于正丁基锂有机溶液的锂离子插层法剥离制备纳米层状 MoS₂ 材料工艺路线如图 6.1 所示，具体制备工艺如下。

（1）在手套箱中进行。在烧瓶中加入 0.6g MoS₂，浸泡于 6ml 1.6M 正丁基锂的正己烷溶液中，磁力搅拌 48h。

（2）过滤回收 Li⁺ 插层 MoS₂，用 120ml 己烷洗涤以除去过量 Li⁺ 和有机残留物。

（3）在去离子水中超声 1h 以实现剥离。

（4）离心数次以除去 LiOH 和未剥离的过量 MoS₂。

（5）将悬浮液稀释至 0.01～0.1mg/ml，通过具有 100nm 孔径的混合纤维素酯膜过滤制备薄膜。

（6）冷冻干燥获得纳米层状 MoS₂ 材料。

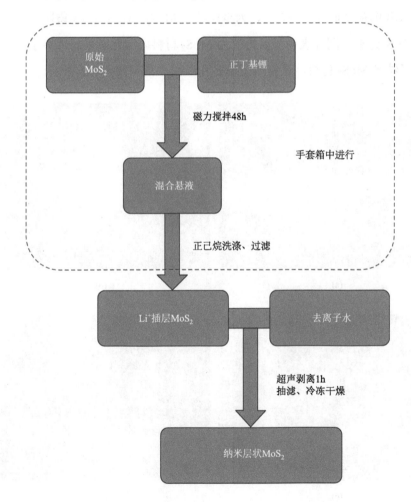

图 6.1　锂离子插层法剥离制备纳米 MoS₂ 材料工艺路线图

采用 SEM 与 TEM 对锂离子插层法剥离制备的 MoS_2 材料进行形貌及能谱表征，结果如图 6.2、图 6.3 所示。由图 6.2(a)～(d)的 SEM 图像可知，锂离子插层剥离制备的 MoS_2 片层堆叠呈多孔疏松状，具有较大的比表面积，且尺寸分布不均匀，含有约 10～20μm 的大片层，同时也含有 2～5μm 的较小片层，原因为锂离子插层反应不够彻底，且粉末在 SEM 测试过程中易团聚。图 6.2(e)能谱图显示出片层为 Mo 与 S 元素，表明所获得的为 MoS_2 材料。

采用液相超声分散法处理 MoS_2 材料，取分散液滴于微栅铜网中，对其进行 TEM 表征。图 6.3(a)～(d)的 TEM 图像显示出 MoS_2 材料边缘为薄片层结构，侧面褶皱显示出其横截面为 5～10 层，为少层结构 MoS_2，图 6.3(e)能谱图显示出片层为 Mo 与 S 元素，同样表明所获得的为 MoS_2 材料。因此，采用锂离子插层法剥离制备了纳米 MoS_2 材料，该材料呈现多孔形貌，具有较大表面积。

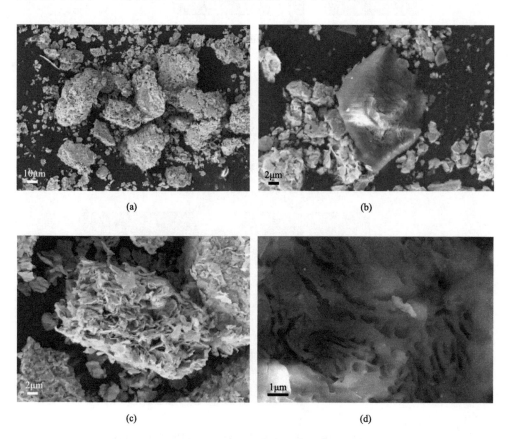

(a)　　　　　　　　　　　　　　　　　(b)

(c)　　　　　　　　　　　　　　　　　(d)

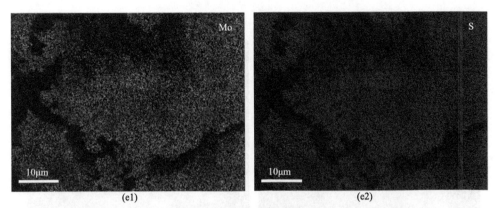

(e1)　　　　　　　　　　　　　　　　(e2)

图 6.2　锂离子插层法制备纳米 MoS$_2$ 材料 SEM 形貌与能谱图

(a)～(d)SEM 形貌图；(e1)、(e2)能谱图

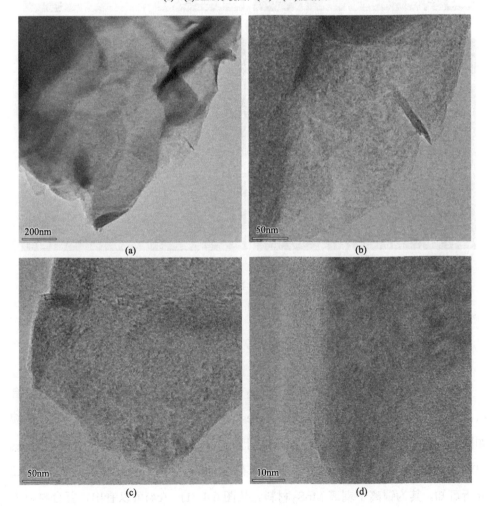

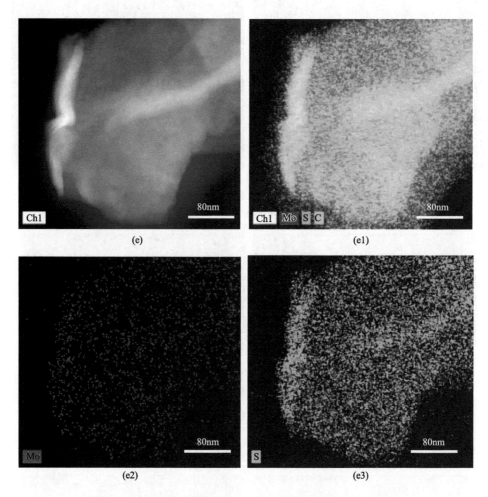

图 6.3　锂离子插层法制备纳米 MoS_2 材料 TEM 形貌与能谱图

(a)~(e)TEM 形貌图；(e1)~(e3)能谱图

6.3　锂离子插层法剥离多孔纳米 MoS_2 基复合材料

在通过锂离子插层法成功剥离 MoS_2 后，结合锂离子插层法与超声分散复合法，制备了 30%添加量的 MoS_2/30MXenes（MoS_2/Ti_3C_2）复合材料，其 SEM 形貌如图 6.4 所示。从图 6.4(a)、(b)可以看出明显的手风琴状层材料，为典型的 MXenes（Ti_3C_2）材料形貌，在其周围分散着纳米花球状颗粒，但未紧密贴合，根据图 6.2 分析可知，其为锂离子剥离 MoS_2 材料。从图 6.4(c1)~(c4)可以看出，复合材料表

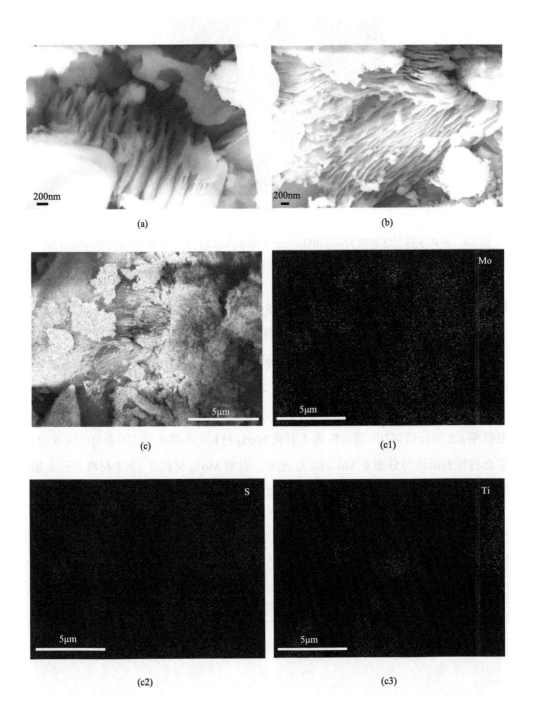

图 6.3 实时剥离产物的 TEM 图片 [(a)~(b)] 和 MoS₂ 纳米片复合层 [(c)] 以及组成其的各元素的分布图：Mo [(c1)]、S [(c2)] 和 Ti [(c3)]

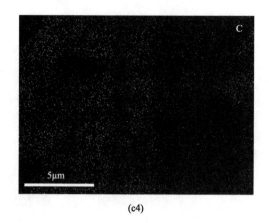

(c4)

图 6.4　锂离子插层法剥离 MoS$_2$/30MXenes（MoS$_2$/Ti$_3$C$_2$）复合材料 SEM 形貌与能谱图

(a)～(c)TEM 形貌图；(c1)～(c4)能谱图

面分布着 Mo、S、Ti、C 元素，表明 MoS$_2$ 材料在手风琴状 MXenes（Ti$_3$C$_2$）材料表面与层间分布，形成 MoS$_2$/Ti$_3$C$_2$ 复合材料。

　　紧接着，结合锂离子插层法与超声分散复合法，制备了 50%碳纳米管添加量的 MoS$_2$/50CNT 复合材料，其 SEM 形貌如图 6.5 所示。从图 6.5(a)、(b)可以看出，视野中分散着明显的 CNT 管状材料，在其周围分散着纳米花球状和片层状颗粒，根据图 6.2 的分析可知，其为锂离子剥离 MoS$_2$ 材料。从图 6.5(c1)～(c3)可以看出，复合材料表面均匀分布着 Mo、S、C 元素，表明 MoS$_2$ 材料在 CNT 材料表面与层间均匀分布，形成紧密的 MoS$_2$/50CNT 复合材料。

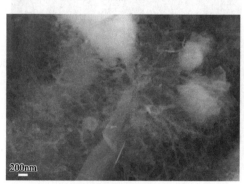

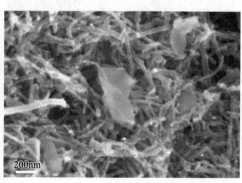

(a)　　　　　　　　　　　　　　　　　　(b)

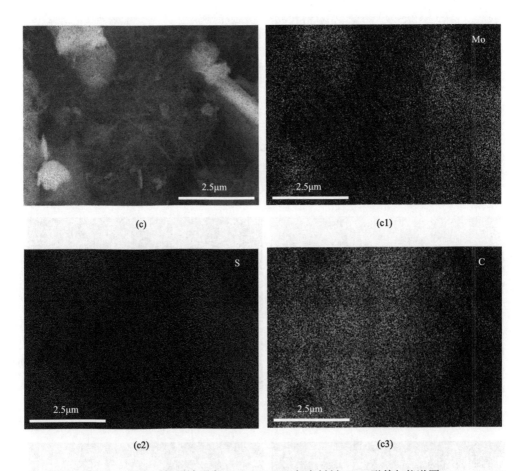

图 6.5　锂离子插层法剥离 MoS_2/50CNT 复合材料 SEM 形貌与能谱图

(a)～(c)TEM 形貌图；(c1)～(c3)能谱图

　　结合锂离子插层法与超声分散复合法，制备了 50%石墨烯添加量的
MoS_2/50Graphene 复合材料，其 SEM 形貌如图 6.6 所示。从图 6.6(a)、(b)可以看
出，视野中分散着明显的薄片层状材料，在其周末分散着较厚的片层状。从图
6.6(c1)～(c3)可以看出，复合材料表面均匀分布着 Mo、S、C 元素，且较厚的片层
处分布着更多的 Mo 与 S 元素，表明在此复合材料中 MoS_2 为较厚的片层，而石
墨烯为较薄的片层，二者结合较不紧密，仅有部分石墨烯将 MoS_2 包裹。因此，
该方法所制备的 MoS_2/50Graphene 复合材料达不到完全复合的效果。

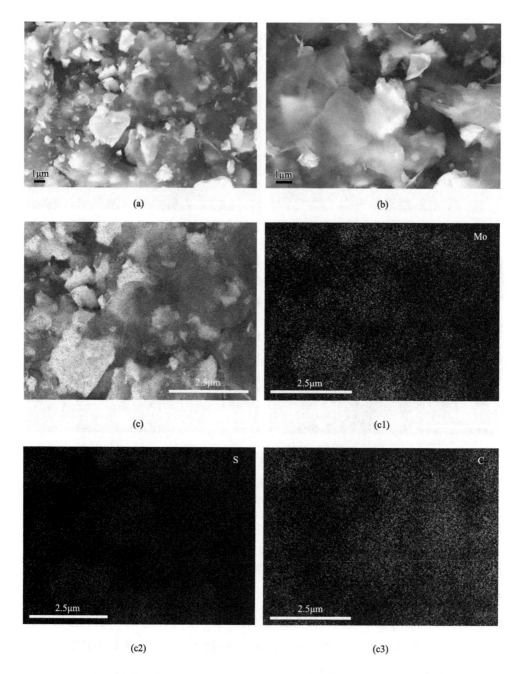

图 6.6　锂离子插层法剥离 MoS$_2$/50Graphene 复合材料 SEM 形貌与能谱图

(a)～(c)TEM 形貌图；(c1)～(c3)能谱图

　　图 6.7 为锂离子插层剥离 MoS_2 材料的电催化析氢性能曲线。如图 6.7(a) 的 LSV 曲线所示，锂离子插层剥离 MoS_2 材料在 $-10mA\cdot cm^{-2}$ 电流密度下，催化过电位为 $-351mV$，如图 6.7(b)EIS 曲线所示，锂离子插层剥离 MoS_2 材料的电化学阻抗 R_{ct} 为 69Ω。经对比，锂离子插层剥离 MoS_2 的电催化析氢过电位较高，催化活性不及爆炸剥离 MoS_2，但是其阻抗较低，导电性较好，究其原因为锂离子插层所用时间较短，锂离子添加量较低，插层率不高，导致剥离得到的 MoS_2 层较厚，活性位点暴露较少。

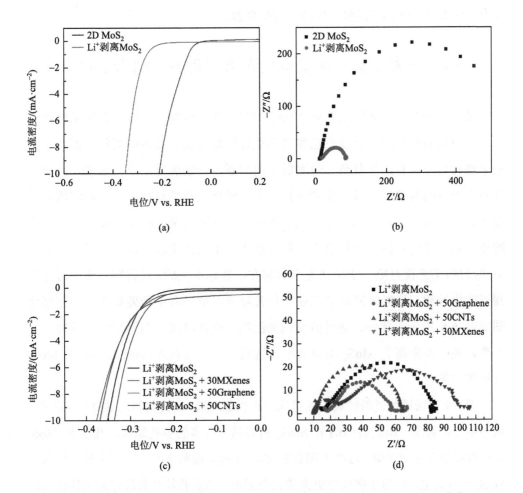

图 6.7　锂离子插层剥离 MoS_2 材料的电催化析氢性能曲线：（a）、（c）LSV 极化曲线；（b）、（d）EIS 电化学阻抗谱

图 6.7(c)、(d)为锂离子插层剥离 MoS_2 与 MXenes（Ti_3C_2）、CNT、石墨烯三种纳米复合材料的电催化析氢性能曲线。由图 6.7(c)可知，剥离 MoS_2/30MXenes、剥离 MoS_2/50CNT 及剥离 MoS_2/50Graphene 三种复合材料在$-10mA\cdot cm^{-2}$ 电流密度下，催化过电位分别为 377mV、336mV 及 369mV，相较剥离的单体 MoS_2 过电位 351mV 没有太大变化，其中剥离 MoS_2/30MXenes、剥离 MoS_2/50Graphene 复合材料过电位均有所增大，剥离 MoS_2/50CNT 性能降低了 15mV，说明剥离 MoS_2/30MXenes、剥离 MoS_2/50Graphene 复合材料没有形成紧密贴合的复合材料，仅有剥离 MoS_2/50CNT 能够较好地形成复合物。

6.4　锂离子插层法批量化剥离制备多孔纳米 MoS_2

通过分析锂离子插层法剥离 MoS_2 材料工艺可以发现，由于正丁基锂的易燃性，原料的混合搅拌以及正己烷的清洗过滤均要在手套箱中进行，而在手套箱中进行过滤具有操作复杂、效率低下的问题，无法满足工业化需求。因此，针对混合悬液的清洗、过滤步骤进行了工艺优化，在原料与正丁基锂溶液混合搅拌完成之后，在其中加入正己烷溶液将正丁基锂包覆在液态环境中，被包覆的正丁基锂即使移出手套箱也不会发生燃烧。工艺优化后，锂离子插层法剥离 MoS_2 材料工艺仅有第一步搅拌混合步骤在手套箱中完成，且将第二步的过滤步骤更改为抽滤，这样既降低了工业化制备难度，也提高了剥离效率，工艺路线图如图 6.8 所示。此外，通过改变剥离温度、搅拌时间、剥离剂添加量等工艺参数，进一步提高了 MoS_2 剥离效率，达到了一次可剥离制备 20g 纳米 MoS_2 材料的结果。

图 6.9 为通过改进的锂离子插层法剥离制备纳米 MoS_2 材料的 SEM 形貌图，从图中可以看出，所制备的纳米 MoS_2 材料具体更多的多孔结构，孔壁的 MoS_2 材料片层较改进前更薄，边缘出现卷曲薄层 MoS_2，说明通过工艺优化显著提高了 MoS_2 剥离效果，该形貌展现出更大的比表面积，预示着其具有较好的电催化析氢性能。

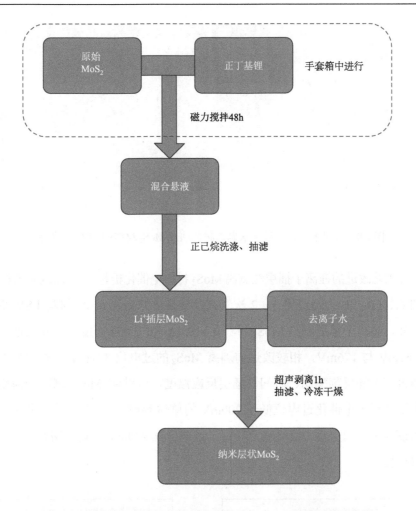

图 6.8　改进的锂离子插层法剥离制备纳米 MoS₂ 材料工艺路线图

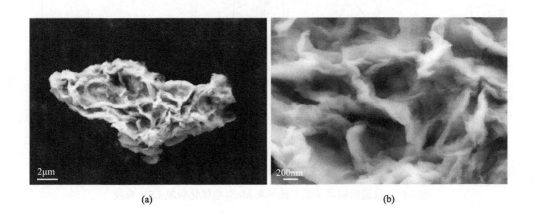

(a)　　　　　　　　　　　　　　　　　(b)

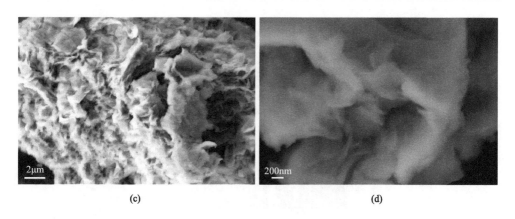

图 6.9　改进的锂离子插层法剥离制备纳米 MoS₂ 材料的 SEM 形貌图

　　经过工艺改进的锂离子插层法剥离 MoS₂ 材料电催化析氢 LSV 曲线如图 6.10 所示。图 6.10(a)、(b)为经过第 1、2 次工艺参数改进的剥离 MoS₂ 材料 LSV 曲线，由图可知，锂离子插层剥离 MoS₂ 材料在−10mA·cm⁻² 电流密度下，催化过电位分别为 261mV 与 176mV，相较改进前剥离 MoS₂ 的过电位 351mV 具有较大下降，说明通过调节插层剂配比、时间、插层反应温度，可以使 MoS₂ 剥离较为彻底，并且首次获得了电催化过电位低于 200mV 的单体 MoS₂。进而，进行多次剥离制备以验证其工艺稳定性，最终稳定获得了过电位在 200mV 以内（图 6.11）的剥离 MoS₂ 材料。

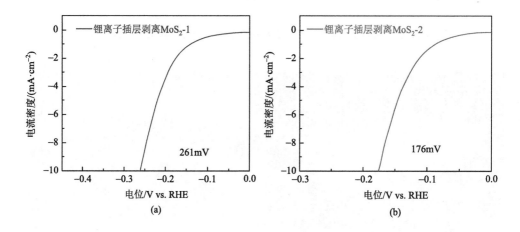

图 6.10　改进的锂离子插层法剥离 MoS₂ 电催化析氢 LSV 曲线

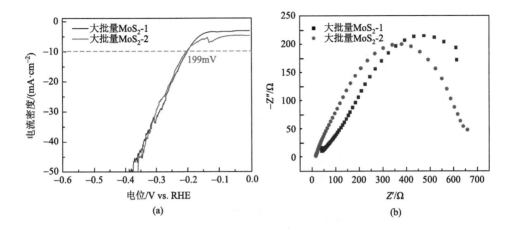

图 6.11　大批量锂离子插层法剥离 MoS₂ 电催化析氢 LSV 曲线

6.5　纳米 Pt-MoS₂/CNT 制备与电催化析氢性能

在确定了 MoS₂ 批量化稳定剥离制备工艺后，为了进一步获得优异性能的 MoS₂ 基纳米复合材料，达到贵金属析氢催化剂性能水平，实现商用铂碳催化剂的替代，开发了纳米 Pt-MoS₂/CNT 复合材料及其制备工艺。复合材料制备工艺路线图如图 6.12 所示，在 MoS₂ 批量化稳定剥离制备工艺的基础上，将剥离 MoS₂ 与氯铂酸、CNT 混合，在分散剂的作用下进行超声分散复合，最终获得电催化析氢性能优异的纳米 Pt-MoS₂/CNT 复合材料。

所制备 6%铂添加量的 Pt-MoS₂/CNT 复合材料 TEM 形貌与元素分布分别如图 6.13、图 6.14 所示。由图 6.13(a)、(b)可以看出，视野中分散着明显的 CNT 管状材料，在其周围分散着纳米片层，其为锂离子剥离 MoS₂ 材料，CNT 管状材料与 MoS₂ 紧密贴合交错复合，图 6.13(c)、(d)中 MoS₂ 材料片层表面分布着均匀的黑色颗粒，结合图 6.14 能谱分析可以判断为分布着 Pt 颗粒。由图 6.13(e)片层边缘可看出，剥离 MoS₂ 材料为低于 5 层的二维片层材料，图 6.13(f)选区电子衍射图显示出圆环状多晶衍射斑点，证明片层为多晶的 MoS₂ 材料。从图 6.14 的 EDS 能谱图可以看出，复合材料表面均匀地分布着 Mo、S、C、Pt 元素，表明 MoS₂ 材料在 CNT 材料表面与层间均匀分布，形成紧密的 MoS₂/CNT 复合材料，并且实现 Pt 元素的均匀掺杂，成功制备了纳米 Pt-MoS₂/CNT 复合材料。

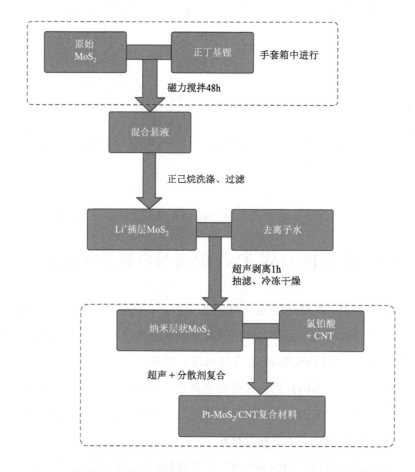

图 6.12　锂离子插层法剥离制备纳米 Pt-MoS$_2$/CNT 复合材料工艺路线图

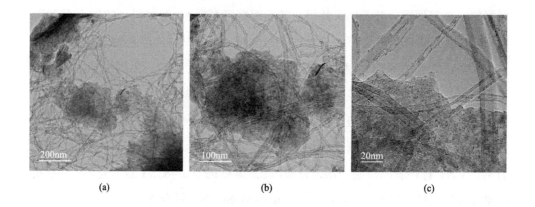

(a)　　　　　　　　　　(b)　　　　　　　　　　(c)

图 6.13 纳米 Pt-MoS₂/CNT 复合材料 TEM 形貌（a）～（e）及选区电子衍射图（f）

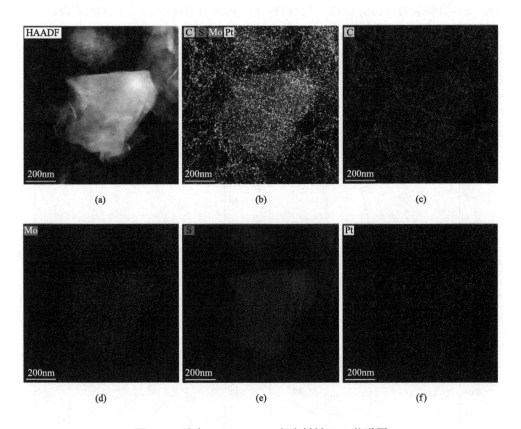

图 6.14 纳米 Pt-MoS₂/CNT 复合材料 EDS 能谱图

经过铂掺杂的锂离子插层法剥离制备 MoS₂/CNT 复合材料电催化析氢测试 LSV 曲线如图 6.15 所示。由图 6.15(a)可知，不同铂添加量的锂离子插层剥离

MoS₂/CNT 复合材料在−10mA·cm^{-2} 电流密度下有所差异，2%、4%、6%及 8%铂添加量 MoS₂/CNT 复合材料催化过电位分别为 159mV、126mV、55mV 以及 58mV，相较于剥离的单体 MoS₂ 过电位 200mV 具有大幅度下降，说明通过铂掺杂与 CNT 的复合能够显著提升 MoS₂ 的电催化析氢性能。此外，对 6%铂添加量 MoS₂/CNT 复合材料进行了循环稳定性测试，如图 6.15(b)的结果显示，在经过 5000 次 CV 循环后，复合材料在−10mA·cm^{-2} 电流密度下的过电位为 55mV，仍能保持较高的析氢性能。图 6.15(c)显示为不同 Pt 掺杂 MoS₂/CNT 复合材料的 Tafel 曲线图，由图可以看到，6%铂掺杂的 MoS₂/CNT 复合材料 Tafel 斜率为 36.5mV·dec^{-1}，优于 2%、4%、8%铂掺杂的 MoS₂/CNT 复合材料（分别为 132mV·dec^{-1}、134mV·dec^{-1} 及 32.6mV·dec^{-1}），表明 6%铂掺杂的 MoS₂/50CNT 复合材料具有最优的催化动力

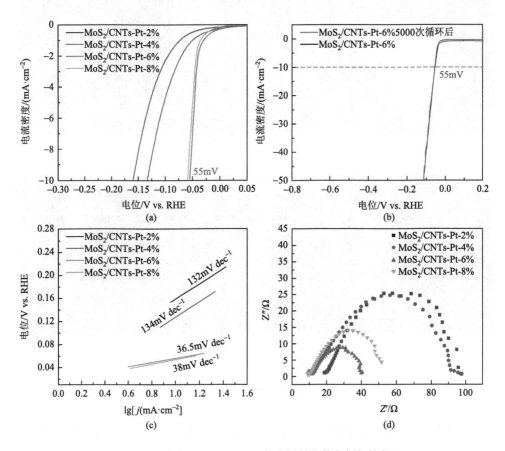

图 6.15　纳米 Pt-MoS₂/CNTs 复合材料电催化析氢性能

学特性。图 6.15(d)为不同 Pt 掺杂 MoS_2/CNT 复合材料的电化学交流阻抗图谱，采用双模等效电路对催化剂表面的电荷转移电阻（R_{ct}）进行了模拟计算，计算得到 6%铂掺杂的 MoS_2/CNT 复合材料 R_{ct} 为 42.3Ω，而 2%、4%、8%铂掺杂的 MoS_2/CNT 复合材料的电荷转移电阻 R_{ct} 分别为 101.8Ω、93Ω 以及 54.6Ω，表明 6%铂掺杂的 MoS_2/CNT 复合催化电极材料具有最低的表面传递电阻。因此，通过以上电化学测试结果可以表明，铂掺杂与 CNT 复合能够获得高催化效率和稳定性的 MoS_2 基复合材料，且性能优于商用铂碳电极。

6.6　小　　结

采用锂离子插层法成功大批量剥离出性能优异的纳米多孔 MoS_2 材料，MoS_2 单体材料过电位稳定在 200mV，通过铂掺杂以及 CNT 复合后，获得纳米 Pt-MoS_2/CNT 复合材料，其过电位低至 55mV，且在 10000 次循环后保持稳定，性能优于商用铂碳电极，该复合材料有望成为贵金属析氢催化电极的替代者，为我国能源转型及氢能的快速发展提供强有力的材料基础。

参 考 文 献

[1] NOVOSELOV K S, GEIM A K, MOROZOV S V, et al. Electric field effect in atomically thin carbon films [J]. Science, 2004, 306(5696): 666-669.

[2] MACMAHON D, BROTHERS A, FLORENT K, et al. Layered structure of MoS_2 investigated using electron energy loss spectroscopy [J]. Materials Letters, 2015, 161: 96-99.

[3] 卢小莲, 戴宇龙, 兰峰, 等. 二维金属硫化物的制备及光电化学性能研究分析 [J]. 科技展望, 2015, (18): 176.

[4] LIU K K, ZHANG W, LEE Y H, et al. Growth of large-area and highly crystalline MoS_2 thin layers on insulating substrates [J]. Nano Lett, 2012, 12(3): 1538-1544.

[5] LEE C, LI Q, KALB W, et al. Frictional characteristics of atomically thin sheets [J]. Science, 2010, 328(5974): 76-80.

[6] DEAN C R, YOUNG A F, MERIC I, et al. Boron nitride substrates for high-quality graphene electronics [J]. Nature Nanotechnology, 2010, 5(10): 722-726.

[7] LOTYA M, HERNANDEZ Y, KING P J, et al. Liquid phase production of graphene by exfoliation of graphite in surfactant/water solutions [J]. Journal of the American Chemical Society, 2009, 131(10): 3611-3620.

[8] LIU W W, WANG J N. Direct exfoliation of graphene in organic solvents with addition of NaOH [J]. Chemical Communications, 2011, 47(24): 6888-6890.

[9] ATACA C, CIRACI S. Dissociation of H_2O at the vacancies of single-layer MoS_2 [J]. Physical Review B, 2012, 85: 195410.

[10] RADISAVLJEVIC B, RADENOVIC A, BRIVIO J, et al. Single-layer MoS_2 transistors [J]. Nature Nanotechnology, 2011, 6(3): 147-150.

[11] LEE C, YAN H, BRUS L E, et al. Anomalous lattice vibrations of single-and few-layer MoS_2 [J]. ACS Nano, 2010, 4(5): 2695-2700.

[12] FU Y D, FENG X X, YAN M F, et al. First principle study on electronic structure and optical phonon properties of 2H-MoS_2 [J]. Physica B: Condensed Matter, 2013, 426: 103-107.

[13] MCCAIN M N, HE B, SANATI J, et al. Aerosol-assisted chemical vapor deposition of lubricating MoS_2 films, ferrous substrates and titanium film doping [J]. Chemistry of Materials, 2016, 20(16): 5438-5443.

[14] GARADKAR K M, PATIL A A, HANKARE P P, et al. MoS_2: Preparation and their

characterization [J]. Journal of Alloys and Compounds, 2009, 487(1-2): 786-789.

[15] 王轩, 宋礼, 陈露, 等. 二硫化钼纳米片的研究进展 [J]. 材料化学前沿, 2014, 2(4): 49-62.

[16] MAK K F, HE K, LEE C, et al. Tightly bound trions in monolayer MoS_2 [J]. Nature Materials, 2013, 12(3): 207-211.

[17] SPLENDIANI A, SUN L, ZHANG Y, et al. Emerging photoluminescence in monolayer MoS_2 [J]. Nano Letters, 2010, 10(4): 1271-1275.

[18] EDA G, YAMAGUCHI H, VOIRY D, et al. Photoluminescence from chemically exfoliated MoS_2 [J]. Nano Letters, 2011, 11(12): 5111-5116.

[19] RADISAVLJEVIC B, WHITWICK M B, KIS A. Integrated circuits and logic operations based on single-layer MoS_2 [J]. ACS Nano, 2011, 5(12): 9934-9938.

[20] YIN Z, LI H, LI H, et al. Single-layer MoS_2 phototransistors [J]. ACS Nano, 2012, 6(1): 74-80.

[21] HE Q, ZENG Z, YIN Z, et al. Fabrication of flexible MoS_2 thin-film transistor arrays for practical gas-sensing applications [J]. Small, 2012, 8(19): 2994-2999.

[22] 徐文丽. 二维原子半导体的制备及其异质器件研究 [D]. 杭州: 浙江大学, 2017.

[23] O'NEILL A, KHAN U, COLEMAN J N. Preparation of high concentration dispersions of exfoliated MoS_2 with increased flake size [J]. Chemistry of Materials, 2012, 24(12): 2414-2421.

[24] MAK K F, HE K, SHAN J, et al. Control of valley polarization in monolayer MoS_2 by optical helicity [J]. Nature Nanotechnology, 2012, 7(8): 494-498.

[25] ZENG H, DAI J, YAO W, et al. Valley polarization in MoS_2 monolayers by optical pumping [J]. Nature Nanotechnology, 2012, 7(8): 490-493.

[26] CAO T, WANG G, HAN W, et al. Valley-selective circular dichroism of monolayer molybdenum disulphide [J]. Nature Communications, 2012, 3: 887.

[27] GOLUB' A S, RUPASOV D P, LENENKO N D, et al. Modification of molybdenum disulfide($2H\text{-}MoS_2$)and synthesis of its intercalation compounds [J]. Russian Journal of Inorganic Chemistry C/C of Zhurnal Neorganicheskoi Khimii, 2010, 55(8): 1166-1171.

[28] 汤鹏, 肖坚坚, 郑超, 等. 纳米层状二硫化钼及其在光电子器件上的应用 [J]. 物理化学学报, 2013, 29(4): 667-677.

[29] 刘佳佳. 化学气相沉积法制备二硫化钼纳米片及其催化性能的研究 [D]. 武汉: 武汉理工大学, 2018.

[30] KIBSGAARD J, CHEN Z, REINECKE B N, et al. Engineering the surface structure of MoS_2 to preferentially expose active edge sites for electrocatalysis [J]. Nature Materials, 2012, 11(11): 963-969.

[31] TYE C T, SMITH K J. Hydrodesulfurization of dibenzothiophene over exfoliated MoS_2 catalyst [J]. Catalysis Today, 2006, 116(4): 461-468.

[32] CESANO F, BERTARIONE S, PIOVANO A, et al. Model oxide supported MoS_2 HDS catalysts:

structure and surface properties [J]. Catalysis Science & Technology, 2011, 1(1): 123-136.

[33] PERKINS F K, FRIEDMAN A L, COBAS E, et al. Chemical vapor sensing with monolayer MoS$_2$ [J]. Nano Lett, 2013, 13(2): 668-673.

[34] CHEN W, SANTOS E J, ZHU W, et al. Tuning the electronic and chemical properties of monolayer MoS$_2$ adsorbed on transition metal substrates [J]. Nano Letters, 2013, 13(2): 509-514.

[35] 胡平, 陈震宇, 王快社, 等. 二维层状二硫化钼复合材料的研究进展及发展趋势 [J]. 化工学报, 2017, 68(4): 1286-1298.

[36] 陈震宇. 二维层状二硫化钼的可控制备及其反应机理研究 [D]. 西安: 西安建筑科技大学, 2018.

[37] FRINDT R F. Single crystals of MoS$_2$ several molecular layers thick [J]. Journal of Applied Physics, 1966, 37(4): 1928-1929.

[38] MATTE H S, GOMATHI A, MANNA A K, et al. MoS$_2$ and WS$_2$ analogues of graphene [J]. Angewandte Chemie International Edition, 2010, 49(24): 4059-4062.

[39] TIAN Y, HE Y, ZHU Y. Low temperature synthesis and characterization of molybdenum disulfide nanotubes and nanorods [J]. Materials Chemistry & Physics, 2004, 87(1): 87-90.

[40] 马晓轩, 郝健, 李垚, 等. 纳米层状二硫化钼在锂离子电池负极材料中的研究进展 [J]. 材料导报, 2014, 28(11): 1-9.

[41] GAN X, ZHAO H, QUAN X. Two-dimensional MoS$_2$: A promising building block for biosensors [J]. Biosens Bioelectron, 2017, 89(1): 56-71.

[42] 李帮林. 二维与零维二硫化钼纳米材料的制备及生物传感应用研究 [D]. 重庆: 西南大学, 2015.

[43] LEE K, KIM H Y, LOTYA M, et al. Electrical characteristics of molybdenum disulfide flakes produced by liquid exfoliation [J]. Advanced Materials, 2011, 23(36): 4178-4182.

[44] SMITH R J, KING P J, LOTYA M, et al. Large-scale exfoliation of inorganic layered compounds in aqueous surfactant solutions [J]. Advanced Materials, 2011, 23(34): 3944-3948.

[45] COLEMAN J N, LOTYA M, O'NEILL A, et al. Two-dimensional nanosheets produced by liquid exfoliation of layered materials [J]. Science, 2011, 331(6017): 568-571.

[46] CHHOWALLA M, AMARATUNGA G. Thin films of fullerene-like MoS$_2$ nanoparticles with ultra-low friction and wear [J]. Nature, 2000, 407(6801): 164-167.

[47] SEN R, GOVINDARAJ A, SUENAGA K. Encapsulated and hollow closed-cage structures of WS$_2$ and MoS$_2$ prepared by laser ablation at 450-1050℃ [J]. Chemical Physics Letters, 2001, 340: 242-248.

[48] SHI Y, LI H, LI L J. Recent advances in controlled synthesis of two-dimensional transition metal dichalcogenides via vapour deposition techniques [J]. Chemical Society Reviews, 2015,

44(9): 2744-2756.

[49] JOENSEN P, FRINDT R F, MORRISON S R. Single-layer MoS$_2$ [J]. Materials Research Bulletin, 1986, 21(4): 457-461.

[50] CASTELLANOS-GOMEZ A, BARKELID M, GOOSSENS A M, et al. Laser-thinning of MoS$_2$: On demand generation of a single-layer semiconductor [J]. Nano Letters, 2012, 12(6): 3187.

[51] XINLU, BAKTIUTAMA M I, JUNZHANG, et al. Layer-by-layer thinning of MoS$_2$ by thermal annealing [J]. Nanoscale, 2013, 5: 8904-8908.

[52] HELVEG S S, LAURITSEN J V, LAEGSGAARD E, et al. Atomic-scale structure of single-layer MoS$_2$ nanoclusters [J]. Physical Review Letters, 2000, 84(5): 951-954.

[53] SHI Y, ZHOU W, LU A Y, et al. van der Waals epitaxy of MoS$_2$ layers using graphene as growth templates [J]. Nano Letters, 2012, 12(6): 2784-2791.

[54] PENG Y, MENG Z, ZHONG C, et al. Hydrothermal synthesis of MoS$_2$ and its pressure-related crystallization [J]. Journal of Solid State Chemistry, 2001, 159(1): 170-173.

[55] LI Q, NEWBERG J T, WALTER E C, et al. Polycrystalline molybdenum disulfide(2H-MoS$_2$)nano-and microribbons by electrochemical/chemical synthesis [J]. Nano Letters, 2004, 4(2): 277-281.

[56] SCRAGG J J, WAETJEN J T, EDOFF M, et al. A detrimental reaction at the molybdenum back contact in Cu$_2$ZnSn(S, Se)$_4$ thin-film solar cells [J]. Journal of the American Chemical Society, 2012, 134(47): 19330-19333.

[57] XU W, FU C, HU Y, et al. Synthesis of hollow core-shell MoS$_2$ nanoparticles with enhanced lubrication performance as oil additives [J]. Bulletin of Materials Science, 2021, 44(2): 88.

[58] WANG T M, LIU W M, JUN L J, et al. Preparation and tribological behavior of monolayer MoS$_2$ suspended in water [J]. Tribology, 2003, 23(3): 192-196.

[59] DUAN Z, JIANG H, ZHAO X, et al. MoS$_2$ nanocomposite films with high irradiation tolerance and self-adaptive lubrication [J]. ACS Applied Materials & Interfaces, 2021, 13: 20435-20447.

[60] ZHONG X, ZHOU W, PENG Y, et al. Multi-layered MoS$_2$ phototransistors as high performance photovoltaic cells and self-powered photodetectors [J]. RSC Advances, 2015, 5(56): 45239-45248.

[61] DI BARTOLOMEO A, GENOVESE L, FOLLER T, et al. Electrical transport and persistent photoconductivity in monolayer MoS$_2$ phototransistors [J]. Nanotechnology, 2017, 28(21): 214002.

[62] YANG Y, HUO N, LI J. Sensitized monolayer MoS$_2$ phototransistors with ultrahigh responsivity [J]. Journal of Materials Chemistry C, 2017, 5(44): 11614-11619.

[63] LOPEZ-SANCHEZ O, LEMBKE D, KAYCI M, et al. Ultrasensitive photodetectors based on

monolayer MoS₂ [J]. Nature Nanotechnology, 2013, 8(7): 497-501.

[64] LI H, YIN Z, HE Q, et al. Fabrication of single-and multilayer MoS₂ film-based field-effect transistors for sensing NO at room temperature [J]. Small, 2012, 8(1): 63-67.

[65] GOURMELON E, LIGNIER O, HADOUDA H, et al. MS₂(M = W, Mo)photosensitive thin films for solar cells [J]. Solar Energy Materials & Solar Cells, 2017, 46(2): 115-121.

[66] QI J, LAN Y W, STIEG A Z, et al. Piezoelectric effect in chemical vapour deposition-grown atomic-monolayer triangular molybdenum disulfide piezotronics [J]. Nature Communications, 2015, 6: 7430.

[67] JARAMILLO T F, JORGENSEN K P, BONDE J, et al. Identification of active edge sites for electrochemical H₂ evolution from MoS₂ nanocatalysts [J]. Science, 2007, 317(5834): 100-102.

[68] XIE J, ZHANG H, LI S, et al. Defect-rich MoS₂ ultrathin nanosheets with additional active edge sites for enhanced electrocatalytic hydrogen evolution [J]. Advanced Materials, 2013, 25(40): 5807-5813.

[69] 闫从祥. 纳米层状结构二硫化钼纳米片的制备及其催化性能研究 [D]. 西安: 长安大学, 2017.

[70] YANG Y P, LI Z M, YANG Y C, et al. Fabrication, microstructure and catalytic degradation performance of MoS₂ hollow microspheres [J]. Chinese Journal of Inorganic Chemistry, 2012, 28(7): 1513-1519.

[71] CHAO Y, ZHU W, WU X, et al. Application of graphene-like layered molybdenum disulfide and its excellent adsorption behavior for doxycycline antibiotic [J]. The Chemical Engineering Journal, 2014, 243: 60-67.

[72] SEKINE T, UCHINOKURA K, NAKASHIZU T, et al. Dispersive raman mode of layered compound 2H-MoS₂ under the resonant condition [J]. Journal of the Physical Society of Japan, 1984, 53(2): 811-818.

[73] XU X, SONG F, HU X. A nickel iron diselenide-derived efficient oxygen-evolution catalyst [J]. Nature Communications, 2016, 7: 12324.

[74] PI Y, SHAO Q, WANG P, et al. Trimetallic Oxyhydroxide coralloids for efficient oxygen evolution electrocatalysis [J]. Angewandte Chemie International Edition, 2017, 56(16): 4502.

[75] GAO W, XIA Z, CAO F, et al. Comprehensive understanding of the spatial configurations of CeO₂ in NiO for the electrocatalytic oxygen evolution reaction: embedded or surface-loaded [J]. Advanced Functional Materials, 2018, 28(11): 1706056.

[76] ZHU H, ZHANG J F, YANZHANG R, et al. When cubic cobalt sulfide meets layered molybdenum disulfide: a core-shell system toward synergetic electrocatalytic water splitting [J]. Advanced Materials, 2015, 27(32): 4752-4759.

[77] SEITZ L C, DICKENS C F, NISHIO K, et al. A highly active and stable IrOₓ/SrIrO₃ catalyst for

the oxygen evolution reaction [J]. Science, 2016, 353(6303): 1011-1014.

[78] YUAN W, WANG X, ZHONG X, et al. CoP nanoparticles in situ grown in three-dimensional hierarchical nanoporous carbons as superior electrocatalysts for hydrogen evolution [J]. Acs Applied Materials & Interfaces, 2016, 8(32): 20720-20729.

[79] YANG J, ZHANG F, WANG X, et al. Porous molybdenum phosphide nano-octahedrons derived from confined phosphorization in UIO-66 for efficient hydrogen evolution [J]. Angewandte Chemie International Edition, 2016, 55(41): 12854-12858.

[80] LIANG H, GANDI A N, ANJUM D H, et al. Plasma-assisted synthesis of NiCoP for efficient overall water splitting [J]. Nano Letters, 2016, 16(12): 7718-7725.

[81] WANG M, YE C, BAO S, et al. Ternary $Ni_xCo_{3-x}S_4$ with a Fine Hollow nanostructure as a robust electrocatalyst for hydrogen evolution [J]. ChemCatChem, 2017, 9(22, 23): 4169-4174.

[82] CUI Y, MIN Q W, GUO C, et al. One-step CVD synthesis of carbon framework wrapped Co_2P as flexible electrocatalyst for efficient hydrogen evolution [J]. Journal of Materials Chemistry A, 2017, 5(17): 7791-7795.

[83] 凌发令. 基于二硫化钼表/界面系统电子结构及电催化制氢性能的第一性原理研究 [D]. 重庆: 重庆大学, 2019.

[84] SABATIER P. Hydrogénations et déshydrogénations par catalyse [J]. European Journal of Inorganic Chemistry, 1911, 44(3): 1984-2001.

[85] PARSONS R. The rate of electrolytic hydrogen evolution and the heat of adsorption of hydrogen [J]. Transactions of the Faraday Society, 1958, 54: 1603-1611.

[86] NOERSKOV J K, BLIGAARD T, LOGADOTTIR A, et al. Trends in the exchange current for hydrogen evolution [J]. Cheminform, 2005, 36(24): 12154.

[87] 罗静. 二硫化钼催化裂解水析氢第一性原理研究 [D]. 福州: 福州大学, 2018.

[88] KRESSE, FURTHMüLLER. Efficient iterative schemes for ab initio total-energy calculations using a plane-wave basis set [J]. Physical review B, Condensed matter, 1996, 54(16): 11169-11186.

[89] KRESSE A G, FURTHMüLLER J. Efficiency of ab-initio total energy calculations for metals and semiconductors using a plane-wave basis set [J]. Computational Materials Science, 1996, 6(1): 15-50.

[90] KRESSE G, JOUBERT D. From ultrasoft pseudopotentials to the projector augmented-wave method [J]. Physical Review B, 1999, 59(3): 1758-1775.

[91] BLOCHL P E. Projector augmented-wave method [J]. Physical Review B: Condensed Matter and Materials Physics, 1994, 50(24): 17953-17979.

[92] 李筱婷. 关于一维硫化钼纳米线材料的第一性原理研究 [D]. 合肥: 中国科学技术大学, 2018.

[93] CLARK S J, SEGALLII M, PICKARDII C J, et al. First principles methods using CASTEP [J]. Zeitschrift für Kristallographie-Crystalline Materials, 2005, 220: 567-570.

[94] DELLEY B. DMol$_3$ DFT studies: from molecules and molecular environments to surfaces and solids [J]. Computational Materials Science, 2000, 17: 122-126.

[95] NOVOSELOV K S, JIANG D, SCHEDIN F, et al. Two-dimensional atomic crystals [J]. Proc Natl Acad Sci USA, 2005, 102(30): 10451-10453.

[96] HUANG X, YIN Z, WU S, et al. Graphene-based materials: synthesis, characterization, properties, and applications [J]. Small, 2011, 7(14): 1876-1902.

[97] HUANG X, QI X, BOEY F, et al. Graphene-based composites [J]. Chemical Society Reviews, 2012, 41(2): 666-686.

[98] LIU H, NEAL A T, YE P D. Channel length scaling of MoS$_2$ MOSFETs [J]. ACS Nano, 2012, 6(10): 8563-8569.

[99] WU S, ZENG Z, HE Q, et al. Electrochemically reduced single-layer MoS$_2$ nanosheets: characterization, properties, and sensing applications [J]. Small, 2012, 8(14): 2264-2270.

[100] LIU J, ZENG Z, CAO X, et al. Preparation of MoS$_2$-polyvinylpyrrolidone nanocomposites for flexible nonvolatile rewritable memory devices with reduced graphene oxide electrodes [J]. Small, 2012, 8(22): 3517-3522.

[101] YIN Z, ZENG Z, LIU J, et al. Memory devices using a mixture of MoS$_2$ and graphene oxide as the active layer [J]. Small, 2013, 9(5): 727-731.

[102] ZHOU W, YIN Z, DU Y, et al. Synthesis of few-layer MoS$_2$ nanosheet-coated TiO$_2$ nanobelt heterostructures for enhanced photocatalytic activities [J]. Small, 2013, 9(1): 140-147.

[103] CHANG Y H, LIN C T, CHEN T Y, et al. Highly efficient electrocatalytic hydrogen production by MoS$_x$ grown on graphene-protected 3D Ni foams [J]. Advanced Materials, 2013, 25(5): 756-760.

[104] ZHANG J, SOON J M, LOH K P, et al. Magnetic molybdenum disulfide nanosheet films [J]. Nano Letters, 2007, 7(8): 2370-2376.

[105] ESQUINAZI P, SPEMANN D, HOHNE R, et al. Induced magnetic ordering by proton irradiation in graphite [J]. Physical Review Letters, 2003, 91(22): 227201.

[106] MCCLURE, J. W. Diamagnetism of graphite [J]. Physical Review, 1956, 104(3): 666-671.

[107] SAHIN H, AKTURK E, ATACA C. Mechanical and electronic properties of MoS$_2$ nanoribbons and their defects [J]. Journal of Physical Chemistry C, 2010, 115(10): 3934-3941.

[108] SHIDPOUR R, MANTEGHIAN M. A density functional study of strong local magnetism creation on MoS$_2$ nanoribbon by sulfur vacancy [J]. Nanoscale, 2010, 2(8): 1429-1435.

[109] PAN H, ZHANG Y W. Edge-dependent structural, electronic and magnetic properties of MoS$_2$ nanoribbons [J]. Journal of Materials Chemistry, 2012, 22(15): 7280-7290.

[110] LI Y, ZHOU Z, ZHANG S, et al. MoS_2 nanoribbons: high stability and unusual electronic and magnetic properties [J]. Journal of the American Chemical Society, 2008, 130(49): 16739-16744.

[111] GAO D, SI M, LI J, et al. Ferromagnetism in freestanding MoS_2 nanosheets [J]. Nanoscale Research Letters, 2013, 8(1): 129.

[112] MATHEW S, GOPINADHAN K, CHAN T K, et al. Magnetism in MoS_2 induced by proton irradiation [J]. Applied Physics Letters, 2012, 101(10): 25-105.

[113] JAYARAM G, DORAISWAMY N, MARKS L D, et al. Ultrahigh vacuum high resolution transmission electron microscopy of sputter-deposited MoS_2 thin films [J]. Surface & Coatings Technology, 1994, 68-69: 439-445.

[114] PRINS R, BEER V D, SOMORJAI G A. Structure and function of the catalyst and the promoter in Co-Mo hydrodesulfurization catalysts [J]. Catalysis Reviews, 1989, 31(1-2): 1-41.

[115] YANG D, SANDOVAL S J, DIVIGALPITIYA W, et al. Structure of single-molecular-layer MoS_2 [J]. Physical Review B: Condensed Matter and Materials Physics, 1991, 43(14): 12053.

[116] MURUGAN P, KUMAR V, KAWAZOE Y, et al. Atomic structures and magnetism in small MoS_2 and WS_2 clusters [J]. Physical Review A, 2005, 71(6): 362-368.

[117] VERSTRAETE M, CHARLIER J C. Ab initio study of MoS_2 nanotube bundles [J]. Physical Review B, 2003, 68(4): 45423.

[118] TONGAY S, VARNOOSFADERANI S S, APPLETON B R, et al. Magnetic properties of MoS_2: Existence of ferromagnetism [J]. Applied Physics Letters, 2012, 101(12): 123105.